周期表

10	11	12	13	14	15	16	17	18
								₂He ヘリウム 4.003
			₅B ホウ素 10.81	₆C 炭素 12.01	₇N 窒素 14.01	₈O 酸素 16.00	₉F フッ素 19.00	₁₀Ne ネオン 20.18
			₁₃Al アルミニウム 26.98	₁₄Si ケイ素 28.09	₁₅P リン 30.97	₁₆S 硫黄 32.07	₁₇Cl 塩素 35.45	₁₈Ar アルゴン 39.95
₂₈Ni ニッケル 58.69	₂₉Cu 銅 63.55	₃₀Zn 亜鉛 65.38	₃₁Ga ガリウム 69.72	₃₂Ge ゲルマニウム 72.63	₃₃As ヒ素 74.92	₃₄Se セレン 78.96	₃₅Br 臭素 79.90	₃₆Kr クリプトン 83.80
₄₆Pd パラジウム 106.4	₄₇Ag 銀 107.9	₄₈Cd カドミウム 112.4	₄₉In インジウム 114.8	₅₀Sn スズ 118.7	₅₁Sb アンチモン 121.8	₅₂Te テルル 127.6	₅₃I ヨウ素 126.9	₅₄Xe キセノン 131.3
₇₈Pt 白金 195.1	₇₉Au 金 197.0	₈₀Hg 水銀 200.6	₈₁Tl タリウム 204.4	₈₂Pb 鉛 207.2	₈₃Bi ビスマス 209.0	₈₄Po ポロニウム (210)	₈₅At アスタチン (210)	₈₆Rn ラドン (222)
₁₁₀Ds ダームスタチウム (281)	₁₁₁Rg レントゲニウム (280)	₁₁₂Cn コペルニシウム (285)	₁₁₃Nh ニホニウム (284)	₁₁₄Fl フレロビウム (289)	₁₁₅Mc モスコビウム (288)	₁₁₆Lv リバモリウム (293)	₁₁₇Ts テネシン (293)	₁₁₈Og オガネソン (294)
		+2	+3	/	−3	−2	−1	/
			ホウ素族	炭素族	窒素族	酸素族	ハロゲン	希ガス元素

典型元素

₆₄Gd ガドリニウム 157.3	₆₅Tb テルビウム 158.9	₆₆Dy ジスプロシウム 162.5	₆₇Ho ホルミウム 164.9	₆₈Er エルビウム 167.3	₆₉Tm ツリウム 168.9	₇₀Yb イッテルビウム 173.1	₇₁Lu ルテチウム 175.0
₉₆Cm キュリウム (247)	₉₇Bk バークリウム (247)	₉₈Cf カリホルニウム (252)	₉₉Es アインスタイニウム (252)	₁₀₀Fm フェルミウム (257)	₁₀₁Md メンデレビウム (258)	₁₀₂No ノーベリウム (259)	₁₀₃Lr ローレンシウム (262)

生命系のための有機化学 II

有機反応の基礎

齋藤勝裕・籔内一博 共著

Organic Chemistry

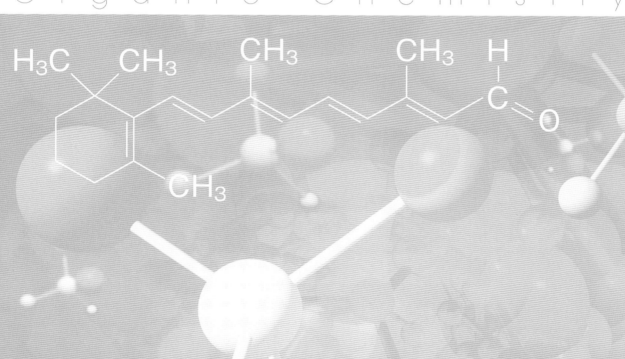

裳華房

Organic Chemistry for Life Science Courses II
－Fundamentals of Organic Reaction－

by

Katsuhiro S<small>AITO</small>
Kazuhiro Y<small>ABUUCHI</small>

SHOKABO
TOKYO

まえがき

　本書『生命系のための有機化学 II』は、主に農学系、栄養系、食品系、バイオ系、医療系など、生命系における有機化学の教科書、参考書として編纂されたものである。本書は姉妹書『生命系のための有機化学 I』とセットになっている。シリーズの後半に当たる本書は、有機化学全領域のうち、反応全般と天然物の構造、物性などを解説している。本書を完全に理解するためには有機化学の基礎知識が必要であるが、それは姉妹編『生命系のための有機化学 I』を参照していただきたい。

　生命系は、いうまでもなく植物、動物（ヒトを含む）など生体を扱う研究領域である。そして生体は極めて多種類の化学物質の集合体であるが、中でも主体は有機化合物である。必然的に、生命系にとって重要になるのは有機化学の知識である。広範にして正確な有機化学の知識なくして、生体という複雑な化学物質集合体を的確に扱うことはできない。

　しかし残念ながら、現在の学生諸君の有機化学、あるいは化学全般に対する基礎知識は必ずしも十分なものとは言い難いようである。高校で化学をあまり学ばずに、あるいは入学試験で化学を選択せずに入学した学生諸君も少なからずおられる。

　しかし、心配ご無用である。本シリーズはこのような、有機化学はもちろん、化学の基礎知識をほとんど持っておられない学生諸君のために書かれた本である。本シリーズは、このような学生諸君にも、なんの問題もなく読み進むことができるように作ってある。

　本シリーズを読むのに高校の化学の知識は必要ない。読み進むために必要な化学的基礎知識は、全てその都度本シリーズに解説してある。読者諸君は何の準備もないまま読み進んでくだされればよい。そうすれば読み終えたときには、生命系の学生、研究者として十分な有機化学の知識を身に着けておられることだろう。

　最後に、本シリーズ執筆に当たって参考にさせていただいた書籍の執筆者、出版社の関係者、並びに出版に並々ならぬ努力を注いでくださった裳華房の小島敏照、内山亮子両氏に感謝申し上げる。

2015 年 4 月

著者を代表して　齋藤　勝裕

目　次

第1章　有機化学反応の種類

- 1・1　有機化学反応の種類 …………………… 1
  - 1・1・1　反応分子数による分類 …………… 1
  - 1・1・2　反応の組み合わせによる分類 …… 2
- 1・2　一分子反応 ……………………………… 2
  - 1・2・1　濃度変化 ………………………… 2
  - 1・2・2　反応速度 ………………………… 3
  - 1・2・3　半減期 …………………………… 3
- 1・3　二分子反応 ……………………………… 4
  - 1・3・1　反応速度 ………………………… 4
  - 1・3・2　求電子反応と求核反応 …………… 4
- 1・4　素反応と逐次反応 ……………………… 5
  - 1・4・1　律速段階 ………………………… 5
  - 1・4・2　極大濃度 ………………………… 5
- 1・5　可逆反応 ………………………………… 6
  - 1・5・1　平衡状態 ………………………… 6
  - 1・5・2　平衡定数 ………………………… 7
  - 1・5・3　ルシャトリエの法則 ……………… 7
- 演習問題 ……………………………………… 8

第2章　遷移状態と中間体

- 2・1　反応エネルギー ………………………… 9
  - 2・1・1　内部エネルギー ………………… 9
  - 2・1・2　反応エネルギー ………………… 10
- 2・2　遷移状態と活性化エネルギー ………… 10
  - 2・2・1　遷移状態 ………………………… 10
  - 2・2・2　活性化エネルギー ……………… 11
  - 2・2・3　反応エネルギーと遷移状態 …… 11
- 2・3　遷移状態と中間体 ……………………… 12
  - 2・3・1　エネルギー極大と極小 ………… 12
  - 2・3・2　触媒反応 ………………………… 13
  - 2・3・3　速度論支配と熱力学支配 ……… 13
- 2・4　アレニウスの式 ………………………… 14
  - 2・4・1　反応速度と反応温度 …………… 14
  - 2・4・2　反応速度に影響するもの ……… 15
- 2・5　活性化エントロピー …………………… 16
  - 2・5・1　エントロピー …………………… 16
  - 2・5・2　活性化エントロピー …………… 16
- 演習問題 ……………………………………… 17

第3章　有機反応機構の表現法

- 3・1　結合切断の表現法 ……………………… 18
  - 3・1・1　ホモリティックな切断 ………… 18
  - 3・1・2　ヘテロリティックな切断 ……… 19
- 3・2　結合生成の表現法 ……………………… 19
  - 3・2・1　結合生成 ………………………… 19
  - 3・2・2　小曲矢印の方向 ………………… 19
- 3・3　π結合の生成と切断 …………………… 19
  - 3・3・1　π結合の切断 …………………… 20
  - 3・3・2　π結合の生成 …………………… 20
  - 3・3・3　非局在系の切断と生成 ………… 21
- 3・4　ベンゼン環上の電子密度 ……………… 21
  - 3・4・1　π電子供与性 …………………… 22
  - 3・4・2　π電子求引性 …………………… 22
- 3・5　試薬攻撃の表現法 ……………………… 23
  - 3・5・1　求核攻撃 ………………………… 23
  - 3・5・2　求電子攻撃 ……………………… 24
- 3・6　共鳴と互変異性 ………………………… 24
  - 3・6・1　共鳴 ……………………………… 24
  - 3・6・2　互変異性 ………………………… 24
- 演習問題 ……………………………………… 26

第4章　置換反応

- 4・1　置換反応一般 ……………………27
  - 4・1・1　求核反応と求電子反応 ……27
  - 4・1・2　一分子反応と二分子反応 …27
- 4・2　S_N1 反応 …………………………28
  - 4・2・1　反応機構 …………………28
  - 4・2・2　反応速度と置換基効果 ……28
  - 4・2・3　立体化学 …………………29
- 4・3　S_N2 反応 …………………………30
  - 4・3・1　反応機構 …………………30
  - 4・3・2　反応速度 …………………31
  - 4・3・3　立体化学 …………………32
- 4・4　反応機構の判定 …………………32
  - 4・4・1　構造解析 …………………32
  - 4・4・2　反応速度 …………………33
  - 4・4・3　溶媒効果 …………………33
- 演習問題 …………………………………34

第5章　脱離反応

- 5・1　E1反応 ……………………………35
  - 5・1・1　反応機構 …………………35
  - 5・1・2　立体化学 …………………35
- 5・2　E2反応 ……………………………36
  - 5・2・1　反応機構 …………………36
  - 5・2・2　立体化学 …………………36
  - 5・2・3　シン脱離とアンチ脱離 ……37
- 5・3　ザイツェフ則・ホフマン則 ………38
  - 5・3・1　ザイツェフ則 ………………38
  - 5・3・2　ホフマン則 …………………39
- 5・4　その他の脱離反応 …………………39
  - 5・4・1　分子間脱離反応 ……………39
  - 5・4・2　環化反応 ……………………41
  - 5・4・3　1,1-脱離反応 ………………41
- 5・5　脱離反応と置換反応 ………………42
- 演習問題 …………………………………44

第6章　付加反応

- 6・1　シス付加反応 ………………………45
  - 6・1・1　金属触媒 …………………45
  - 6・1・2　反応機構 …………………46
- 6・2　トランス付加反応 …………………46
  - 6・2・1　Br^+ の攻撃 ………………46
  - 6・2・2　Br^- の攻撃 ………………47
  - 6・2・3　フェノニウムイオン ………47
- 6・3　非対称付加反応 ……………………48
  - 6・3・1　反応機構 …………………48
  - 6・3・2　マルコフニコフ則 …………49
- 6・4　共役系の付加反応 …………………49
  - 6・4・1　1,2-付加反応と1,4-付加反応 …49
  - 6・4・2　環状付加反応 ………………50
- 6・5　酸化・還元反応 ……………………51
- 演習問題 …………………………………53

第7章　アルコール、エーテル、アミンの反応

- 7・1　アルコールの性質と種類 …………54
  - 7・1・1　アルコールの種類 …………54
  - 7・1・2　アルコールの物性 …………55
  - 7・1・3　フェノールの物性 …………55
- 7・2　アルコールの合成と反応 …………55
  - 7・2・1　アルコールの合成 …………56
  - 7・2・2　酸化反応 ……………………56
  - 7・2・3　その他の反応 ………………57
- 7・3　エーテルの性質と反応 ……………57
  - 7・3・1　エーテルの種類と性質 ……58

7・3・2　エーテルの合成と反応……………59
7・4　アミンの性質と反応………………………60
　7・4・1　アミンの種類……………………60
7・4・2　塩　基　性………………………………60
7・4・3　アミンの合成と反応……………………61
演習問題…………………………………………62

第8章　ケトン、アルデヒドの反応

8・1　ケトン、アルデヒドの反応………………63
　8・1・1　ケトンの性質……………………63
　8・1・2　アルデヒドの性質………………63
8・2　酸化・還元反応……………………………64
　8・2・1　酸化還元反応の定義……………64
　8・2・2　ケトン、アルデヒドの酸化還元反応
　　　　　　………………………………………64
8・3　求核反応……………………………………65
　8・3・1　求核付加反応……………………65

8・3・2　カルボニル基の変換を伴う反応………67
8・3・3　二量化反応………………………………68
8・4　ヒドリド反応………………………………68
　8・4・1　ヒドリド還元……………………………68
　8・4・2　不均化反応………………………………69
8・5　グリニャール反応…………………………69
　8・5・1　実　験　操　作…………………………70
　8・5・2　反応の種類………………………………70
演習問題…………………………………………71

第9章　カルボン酸の反応

9・1　カルボン酸の種類と性質…………………72
　9・1・1　カルボン酸の種類………………72
　9・1・2　カルボン酸の性質………………73
　9・1・3　アミノ酸の性質と反応…………73
9・2　カルボン酸の合成と反応…………………74
　9・2・1　カルボン酸の合成………………74
　9・2・2　カルボン酸の反応………………74
9・3　エステルの反応……………………………77

9・3・1　クライゼン縮合反応……………………77
9・3・2　アシロイン縮合反応……………………77
9・4　両親媒性分子の構造と機能………………78
　9・4・1　両親媒性分子の構造……………………78
　9・4・2　分　子　膜………………………………79
　9・4・3　分子膜の機能……………………………79
演習問題…………………………………………81

第10章　転位反応

10・1　転位反応一般………………………………82
　10・1・1　シス・トランス異性化…………82
　10・1・2　コープ転位………………………82
　10・1・3　ケト・エノール互変異性………83
10・2　アルコール、エーテルの転位反応………83
　10・2・1　ワグナー–メーヤワイン転位…83
　10・2・2　ピナコール–ピナコロン転位…84
　10・2・3　ウィッティヒ転位………………84
　10・2・4　スマイルス転位…………………85
10・3　ケトン、アルデヒドの転位反応…………85

10・3・1　ファヴォルスキー転位…………………85
10・3・2　ベンジル酸転位…………………………86
10・3・3　デーキン転位……………………………86
10・3・4　ウルフ転位………………………………87
10・4　エステル、アミドの転位反応……………88
　10・4・1　フリース転位……………………………88
　10・4・2　ベックマン転位…………………………88
　10・4・3　ホフマン転位……………………………89
演習問題…………………………………………90

第11章　芳香族の反応

- 11・1　芳香族の反応性 …………………… 91
  - 11・1・1　ベンゼンの構造 ……………… 91
  - 11・1・2　ベンゼンの反応性 …………… 92
- 11・2　芳香族置換反応 …………………… 92
  - 11・2・1　反応機構 ……………………… 92
  - 11・2・2　反応の種類 …………………… 93
- 11・3　配向性 ……………………………… 95
  - 11・3・1　オルト・パラ配向性 ………… 95
  - 11・3・2　メタ配向性 …………………… 96
- 11・4　芳香族のその他の反応 …………… 96
  - 11・4・1　付加反応 ……………………… 96
  - 11・4・2　ベンザイン反応 ……………… 97
- 11・5　置換基の反応 ……………………… 97
  - 11・5・1　酸化・還元反応 ……………… 98
  - 11・5・2　フェノール合成 ……………… 98
  - 11・5・3　塩化ベンゼンジアゾニウムの反応 …………………… 98
- 演習問題 …………………………………… 100

第12章　光化学反応

- 12・1　HOMOとLUMO ………………… 101
  - 12・1・1　分子軌道 ……………………… 101
  - 12・1・2　HOMOとLUMO …………… 102
- 12・2　分子と光の相互作用 ……………… 102
  - 12・2・1　光エネルギー ………………… 102
  - 12・2・2　光吸収 ………………………… 103
  - 12・2・3　フロンティア軌道 …………… 103
  - 12・2・4　光反応と熱反応 ……………… 104
- 12・3　軌道の対称性 ……………………… 104
  - 12・3・1　対称軌道と反対称軌道 ……… 104
  - 12・3・2　結合性相互作用と反結合性相互作用 …………………… 105
- 12・4　閉環反応と分子軌道 ……………… 105
  - 12・4・1　閉環反応と結合回転 ………… 105
  - 12・4・2　コンとディス ………………… 106
  - 12・4・3　1,3,5-ヘキサトリエンの閉環反応 …………………… 107
- 12・5　水素移動反応と分子軌道 ………… 107
  - 12・5・1　水素移動と分子軌道関数 …… 108
  - 12・5・2　スプラとアンタラ …………… 108
- 12・6　光化学反応例 ……………………… 109
- 演習問題 …………………………………… 110

第13章　糖の構造と反応

- 13・1　単糖 ………………………………… 111
  - 13・1・1　単糖の構造 …………………… 111
  - 13・1・2　グルコース …………………… 112
  - 13・1・3　フルクトース ………………… 112
- 13・2　二糖 ………………………………… 113
  - 13・2・1　マルトース …………………… 113
  - 13・2・2　スクロース …………………… 114
- 13・3　多糖・オリゴ糖 …………………… 114
  - 13・3・1　デンプンとグリコーゲン …… 114
  - 13・3・2　セルロース …………………… 115
  - 13・3・3　ムコ多糖 ……………………… 116
- 13・4　糖類の反応 ………………………… 116
  - 13・4・1　酸化・還元反応 ……………… 116
  - 13・4・2　アルコールとしての反応 …… 117
  - 13・4・3　グリコシドの生成 …………… 118
  - 13・4・4　発酵による単糖の分解 ……… 118
- 演習問題 …………………………………… 119

第14章 脂質の構造と反応

14・1 脂質の定義と分類 …………………… 120
14・2 油脂と脂肪酸 ………………………… 120
   14・2・1 脂肪酸 ………………………… 120
   14・2・2 油　脂 ………………………… 122
   14・2・3 油脂の反応 …………………… 122
   14・2・4 セッケンとミセル …………… 124
14・3 リン脂質 ……………………………… 124
   14・3・1 リン脂質 ……………………… 124
   14・3・2 二分子膜とベシクル ………… 125
   14・3・3 生体膜 ………………………… 126
14・4 テルペノイドとステロイド ………… 126
   14・4・1 テルペノイド ………………… 126
   14・4・2 ステロイド …………………… 126
演習問題 ……………………………………… 128

第15章 アミノ酸・タンパク質の構造と反応

15・1 アミノ酸 ……………………………… 129
   15・1・1 アミノ酸の構造 ……………… 129
   15・1・2 アミノ酸の性質 ……………… 131
   15・1・3 アミノ酸の反応 ……………… 131
15・2 ペプチドとタンパク質 ……………… 132
   15・2・1 ペプチドの構造 ……………… 132
   15・2・2 タンパク質の働き …………… 133
   15・2・3 タンパク質の構造 …………… 133
15・3 タンパク質のアミノ酸配列と高次構造
   ………………………………………… 133
15・3・1 一次構造 ……………………… 134
15・3・2 二次構造 ……………………… 134
15・3・3 三次構造 ……………………… 135
15・3・4 四次構造 ……………………… 135
15・3・5 変　性 ………………………… 136
15・4 酵素の働き …………………………… 136
   15・4・1 酵素の特徴 …………………… 136
   15・4・2 酵素反応の実際 ……………… 137
演習問題 ……………………………………… 138

演習問題解答 …… 139　　索　引 …… 151

Column

ハーバー–ボッシュ法 ……………………… 8
酵素反応 …………………………………… 17
分子軌道法 ………………………………… 25
溶媒の働き ………………………………… 34
無水物 ……………………………………… 43
単量体・多量体 …………………………… 52
pK_a と pK_b …………………………… 62
ワンポットリアクション ………………… 71
カルボン酸と鉛 …………………………… 80
結合異性 …………………………………… 90
塩素の置換基効果 ………………………… 99
軌道対称性の理論 ………………………… 110
甘味を示す物質 …………………………… 119
悪玉コレステロールと善玉コレステロール …… 128
ポリペプチドやタンパク質の合成 ……… 138

執筆分担（担当章順）
齋藤勝裕　第1～12章
籔内一博　第13～15章

第1章 有機化学反応の種類

　有機化合物の特徴の一つは、化学反応をしやすいということである。この性質を利用して多くの種類の新規化合物を作ることができ、これを特に有機合成反応という。一般に有機化合物の反応は、基質と試薬の間の反応と考えることができる。この場合、試薬が基質の電子欠乏部分をめがけて攻撃するものを求核反応、反対に基質の電子過剰部分をめがけて攻撃するものを求電子反応という。

1・1　有機化学反応の種類

　有機化合物が関わる反応、**有機化学反応**の種類は大変に多い。主なものだけでも、酸化・還元反応、脱離反応、付加反応、縮合反応、置換反応、転位反応など、種々のものがある[*1]（**図1・1**）。しかし、このような分類は反応分子の構造変化に主点を置いた見方である。

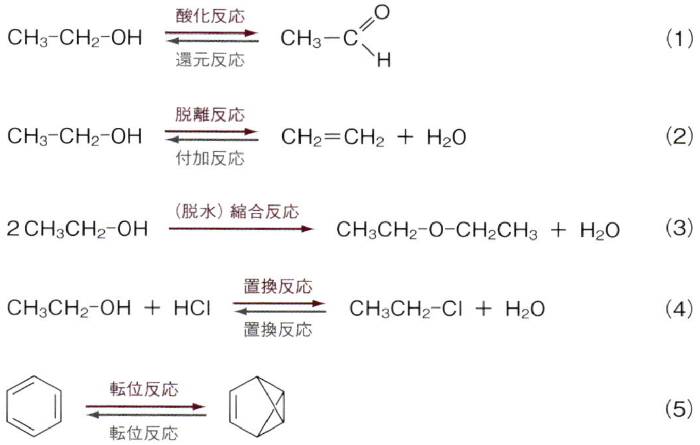

$$CH_3\text{-}CH_2\text{-}OH \underset{\text{還元反応}}{\overset{\text{酸化反応}}{\rightleftarrows}} CH_3\text{-}C\begin{smallmatrix}O\\H\end{smallmatrix} \quad (1)$$

$$CH_3\text{-}CH_2\text{-}OH \underset{\text{付加反応}}{\overset{\text{脱離反応}}{\rightleftarrows}} CH_2=CH_2 + H_2O \quad (2)$$

$$2\,CH_3CH_2\text{-}OH \xrightarrow{\text{(脱水) 縮合反応}} CH_3CH_2\text{-}O\text{-}CH_2CH_3 + H_2O \quad (3)$$

$$CH_3CH_2\text{-}OH + HCl \underset{\text{置換反応}}{\overset{\text{置換反応}}{\rightleftarrows}} CH_3CH_2\text{-}Cl + H_2O \quad (4)$$

$$\quad (5)$$

図1・1　有機化学反応の種類

[*1] 炭の燃焼の化学反応式は一般に次式となる。
$$C + O_2 \rightarrow CO_2$$
しかし、炭が燃えるときには熱エネルギーも出る。それまで含めると、式は以下になる。
$$C + O_2 \rightarrow CO_2 + 熱（エネルギー）$$
このように、化学反応ではCO_2発生という物質変化とともに、エネルギー発生というエネルギー変化の側面もあることを忘れてはいけない。
生物は、この化学反応で生じる反応エネルギーによって、生命を維持しているのである。

1・1・1　反応分子数による分類

　化学反応をその速さ（反応速度）を基に解析する研究分野に**反応速度論**がある。反応速度論の観点から見ると、別の分類の仕方が見えてくる。すなわち、反応に関係する分子の個数から見ると、1個の分子が自分だけで起こす一分子反応（図1・1　反応2（脱離反応）、5）と、2個の分子が衝突することによって起こる二分子反応（図1・1　反応2（付加反応）、3、4）に分類できる。そして、二分子反応は求核反応と求電子反応に分類できる。

1・1・2 反応の組み合わせによる分類（図1・2）

反応には、A→Bのように一回の反応で完結する**素反応**と、A→B→C→…と延々と続く**逐次反応**がある。有機化学反応の多くは逐次反応であり、生成物としてBが欲しいと思っても、時間が経つとBは消滅してCになってしまうということがよくある。アルコール類の酸化反応はこの例であり、最初の生成物であるアルデヒドは、特定の反応条件下ではさらに酸化されてカルボン酸になってしまう。

A⇌Bのように、反応が両方向に進行するものを**可逆反応**[*2]といい、反対に一方向にのみ進行する反応を**不可逆反応**という。可逆反応においては、反応変化が観測できない状態が現れる。このような状態を一般に**平衡状態**[*3]という。

[*2] 可逆反応では一般に右に進行する反応を正反応、左に進行するものを逆反応と呼ぶ。

[*3] 平衡状態は反応が起きていない状態ではない。反応は起きているが、正反応と逆反応の速度が同じなので、見かけ上、反応が起きていないように見えるだけである。

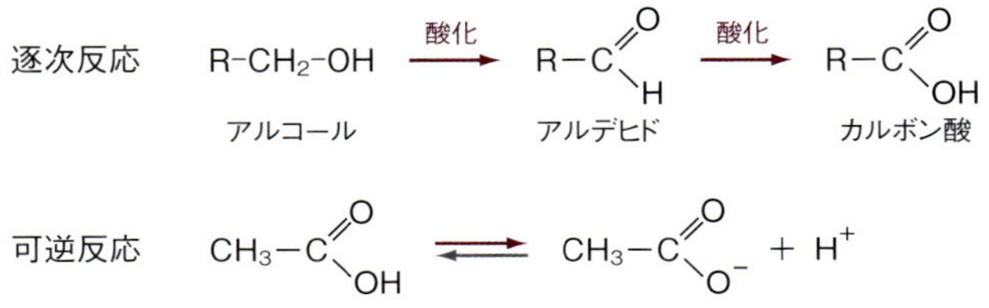

図1・2 逐次反応と可逆反応

1・2 一分子反応

一分子反応は、分子が他の分子の影響を受けることなく自分自身だけで、いわば"自分で勝手に起こす反応"である。

1・2・1 濃度変化

図1・3は一分子反応 A→B における濃度変化を表したものである。時間の経過とともにAの濃度 [A] は減少し、Bの濃度 [B] は上昇する。反応前のAの濃度、初濃度を $[A]_0$ とすると、$[A] + [B] = [A]_0$ という関係が成立する。

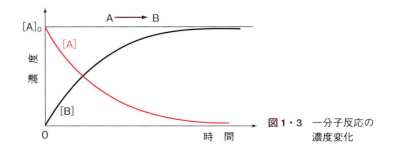

図1・3 一分子反応の濃度変化

1・2・2 反応速度

化学反応には、爆発反応のように瞬時に完結する速い反応もあれば、包丁（鉄）が錆びるように何年もかかる遅い反応もある。反応の速度を**反応速度**という。

一分子反応の反応速度 v は、いつもではないが、式1で表されることが多い。ここで、係数 k を**速度定数**という。速度定数の大きい反応ほど速い反応である（**図1・4**）。そして、反応速度が式1に従う反応を**一次反応**という[*4]。

*4　一分子反応の多くは一次反応である。

$$v = \frac{d[\mathrm{B}]}{dt} = -\frac{d[\mathrm{A}]}{dt} = k[\mathrm{A}] \qquad (式1)$$

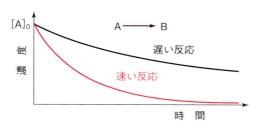

図1・4　速い反応と遅い反応

1・2・3 半減期

図1・5は一次反応 A→B における A の濃度変化を表したものである。濃度が最初の半分になるのに要する時間 $t_{1/2}$ を**半減期**という。反応時間が半減期の n 倍になると濃度は最初の $(1/2)^n$ となる。半減期が短い反応ほど速い反応ということになる[*5]。一次反応では半減期は常に一定である。これは次に見る二次反応に比べて大きな特徴である。

*5　反応速度を比較するには、半減期の長さを比較するのが簡単でわかりやすい。

*6　原理的には永久に0にならないが、実際問題としては最小単位が分子、もしくは原子になった時点が終点である。

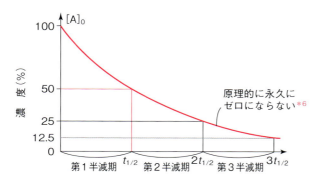

図1・5　一次反応における A の濃度変化と半減期

1・3 二分子反応

　2個の分子が衝突することによって起こる反応を**二分子反応**という。原理的には3個の分子が衝突する三分子反応もありそうだが、3個の分子が同時に衝突する確率は非常に小さい。多くは2個の分子が衝突した後に3番目の分子が衝突している、すなわち二分子反応が2回連続していることが多い。

1・3・1 反応速度

　二分子反応の速度は式2, 3で表されることが多い。このような速度式を二次反応速度式といい、反応速度がこの式に従う反応を**二次反応**という[*7]。

$$A + B \longrightarrow C \qquad v = k[A][B] \qquad (式2)$$

$$2A \longrightarrow B \qquad v = k[A]^2 \qquad (式3)$$

　二次反応の濃度変化は**図1・6**のようになる[*8]。特徴は時間とともに半減期が長くなっていることである。これは、反応が進行するにつれて出発物質が少なくなり、衝突の可能性が少なくなっていることに対応する。

[*7] 二分子反応には複雑なものがあり、式2, 3のように反応速度が二次式になるとは限らない。

[*8] 半減期が図1・6のように変化するのは二次反応（式3）の場合のみである。

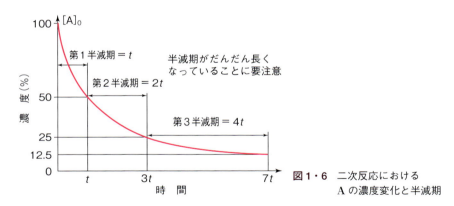

図1・6　二次反応におけるAの濃度変化と半減期

1・3・2 求電子反応と求核反応

　二分子反応は基質と試薬との間で起こる。それでは何が基質で何が試薬なのか？　この定義は明確ではない。一般に試薬は、① 小さい方、② イオンやラジカル等、反応性の強い方、③ ヘテロ原子を含む方、とされることが多いが、単に注目される方ということもある。

　基質が正負の部分電荷を持つとき、その正電荷部分を優先的に攻撃する試薬を**求核試薬**といい、この試薬が起こす反応を**求核反応**という。反対に基質の負電荷部分を優先的に攻撃する試薬を**求電子試薬**といい、この試薬が起こす反応を**求電子反応**という（**図1・7**）。

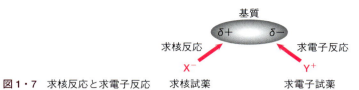

図1・7 求核反応と求電子反応　　求核試薬　　求電子試薬

1・4 素反応と逐次反応

反応が A→B→C→D→… と次々に連続してゆくものを**逐次反応**という。そして A→B、B→C などの個々の反応を**素反応**という[*9]。また、途中で現れる生成物、B, C, D…を中間体という。

> [*9] それぞれの素反応は独立した反応であり、それぞれが独自の反応速度定数、遷移状態、活性化エネルギー、反応エネルギーを持つ（第2章参照）。

1・4・1 律速段階

逐次反応では、各段階が異なる反応速度で進行する。このような反応において、反応全体の反応速度はどのように考えられるだろうか。例えば、反応 A→B→C→D という三段階の反応で、一段階目は速くて1秒で完結したとしよう。ところが二段階目は遅くて、完結するのに10時間かかり、最終段階は1分かかったとしよう。

反応全体の所要時間は10時間1分1秒である。所要時間の大部分を占めるのは、最も遅い段階の第二段階である。このように、逐次反応において全体の反応速度を支配するのは最も遅い段階なのである。そこで、この段階を一般に**律速段階**という（**図1・8**）。

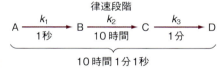

図1・8 反応の律速段階

1・4・2 極大濃度

逐次反応 A→B→C において、成分の濃度がどのように変化するかを見てみよう。

A　$k_1 \ll k_2$ の場合

第一段階の速度が第二段階よりうんと遅い場合である。この場合の濃度変化は**図1・9**のようになる。すなわち、遅い反応によってやっとBができたと思っても、次の速い反応によってアッと思う間にCになっている。つまり、Bは系内に溜まることがないのである。

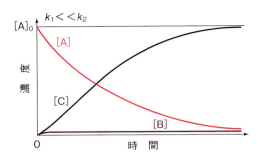

図1・9 逐次反応の濃度変化　$k_1 \ll k_2$ の場合

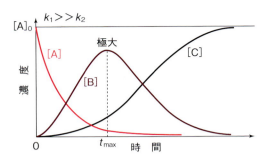

図1・10 逐次反応の濃度変化　$k_1 \gg k_2$ の場合

このような場合には、Bの生成は無視することができる。つまり、反応はA→Cであると、近似して考えてよい。

B　$k_1 \gg k_2$ の場合

第一段階がうんと速い場合である。この場合には、反応の早い段階でBが大量に生成する。それから、遅い反応によってBがCに変化してゆく。この結果、Bの濃度には極大値が生じる[*10]（**図1・10**）。

この反応において、欲しい生成物がBだったとしよう。図からわかる通り、Bの濃度は時間によって大きく変化する。極大濃度のときに反応を止めることができればよいが、そうでない場合にはBの収率は大きく下がることになる。

[*10] k_1 と k_2 がわかればBの極大濃度を与える時間 t_{max} を計算することができる。

1・5　可逆反応

反応 A⇄B では、出発物AはBに変化するが、同時に生成物BもAに変化する。このように、反応が反応式において右向きにも左向きにも進行できる反応を**可逆反応**という。それに対して、反応が一方向にしか進行しないものを**不可逆反応**という。

一般に可逆反応では、右向きの反応を正反応、左向きの反応を逆反応という。そして、正逆どちらの反応も互いに独立した素反応であり、それぞれ独自の速度定数、$k_{正}$、$k_{逆}$ を持っている[*11]。

1・5・1　平衡状態

図1・11 は可逆反応 A⇄B の濃度変化である。Aは時間とともに減少するが、やがて、BからAが生じるので、Aの減少の仕方は時間とともに緩やかになる。Bの濃度変化も同様である。最初のうちは増加するが、そのうち、Aに戻るものが出て来るので、増加の度合いは緩やかになる。

[*11]
A ⇄ B　(1)
B ⇄ A　(2)
(1) と (2) は全く同じ反応であるが、(1) と書いたらA→Bが正反応であり、(2) と書いたらB→Aが正反応である。

そして、適当な時間が経った後には、Aの濃度もBの濃度も変化しなくなる。このような状態を**平衡状態**という。平衡状態において重要なことは、平衡状態では反応が「停止しているのではない」ということである。反応は起こっているが、「見かけ上の変化がない」というだけなのである。

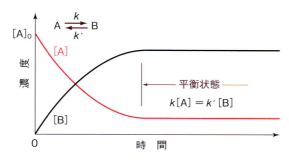

図1・11 可逆反応の濃度変化

平衡状態の例に一国の人口がある。ある国の人口が1億で一定しているとしても、その1億の人々の顔ぶれはいつも同じということではない。顔ぶれは常に変化している。つまり、生まれる人口と亡くなる人口が釣り合っているから人口が一定しているのである。これは、人口の平衡状態である。

1・5・2 平衡定数

平衡状態は正反応と逆反応の反応速度が等しくなった状態である。したがって式4が成り立っている。このとき、出発系と生成系の濃度の比、式5を**平衡定数** K という。式5に式4を代入すると、平衡定数は速度定数の比であることがわかる（式6）。

平衡定数は温度、圧力が一定ならば常に一定である。

$$A \underset{k_\text{逆}}{\overset{k_\text{正}}{\rightleftarrows}} B$$

$$k_\text{正}[A] = k_\text{逆}[B] \quad (式4)$$

$$K = \frac{[B]}{[A]} \quad (式5)$$

$$= \frac{k_\text{正}}{k_\text{逆}} \quad (式6)$$

1・5・3 ルシャトリエの法則

温度や圧力などの反応条件が変化すれば、平衡定数 K は変化する。平衡定数が変化するということは、出発系と生成系の濃度比が変化するということであり、これを一般に「平衡が移動する」、あるいは「平衡が傾く」という。すなわち、出発系が多くなれば平衡は左に傾いたのであり（A ← B）、生成系が多くなれば右に傾いたのである（A → B）。

反応条件が変化したときに平衡がどのように傾くかを予言した法則を、発見者の名前をとって**ルシャトリエの法則**という。この法則は、簡単にいえば、「平衡は条件変化を帳消しにするように変化する」というものである。

Column　ハーバー-ボッシュ法

　植物の三大栄養素は窒素N、リンP、カリウムKである。化学肥料はこれらの元素を含んだ化合物である。窒素は窒素ガスとして空気中に無尽蔵にあるが、普通の植物はこれを利用することはできない。植物が利用できるようにするには、窒素を水溶性の化合物に換える必要がある。

　そのための第一段階が窒素ガスN_2をアンモニアNH_3に換えることである。これを開発者の名前を取ってハーバー-ボッシュ法という。反応は次式のような平衡反応である。

$$N_2 + 3H_2 \rightleftarrows 2NH_3 + 発熱$$

　この反応を右方向に進行させてNH_3を大量に得るためには、ルシャトリエの法則に従えば、加圧、冷却すればよい。ところが、実際の反応条件は数百気圧、数百度という高温高圧である。

　なぜ高温にするのか？　それは反応速度の要請である。低温にしたのでは、反応が遅くて実用にならないのである。このように、化学反応を実際に用いる場合には、いろいろな要素を総合して考察することが重要である。

　　　反応　$A + B \rightleftarrows C + 発熱$　で考えてみよう。
　①系にAを加えたら、系はAを少なくするように移動する。すなわち右に傾く。
　②系に圧力を加えたら、系の分子数を少なくするように右に移動する。
　③系に熱を加えたら、発熱しないように左に移動する。
　というものである。

演習問題

1.1　次の反応を一分子反応と二分子反応に分けよ。
　　接触還元反応（6・1節参照）、アミド化反応（5・4・1項参照）、酸の解離反応、中和反応

1.2　半減期1時間の一次反応で、出発物の濃度が1/8になるのは何時間後か。

1.3　第一半減期が1時間の二次反応で、出発物の濃度が1/8になるのは何時間後か。

1.4　二次反応の速度が時間とともに遅くなるのはなぜか。

1.5　一次反応A→Bにおいて出発物の濃度を2倍にした。反応速度は何倍になるか。

1.6　二次反応2A→Bにおいて出発物の濃度を2倍にした。反応速度は何倍になるか。

1.7　次の試薬を求電子試薬と求核試薬に分けよ。
　　X^-、Y^+、RNH_2、ROH

1.8　グループワークにおいて、最も仕事の遅い人を律速段階ということがあるのはなぜか。

1.9　身の回りで平衡状態にあるものの例をあげよ。

1.10　アンモニアの合成反応は平衡反応である。加熱するのはなぜか。
　　$N_2 + 3H_2 \rightleftarrows 2NH_3 + 発熱$

第2章 遷移状態と中間体

全ての化学反応には二つの側面がある。一つは分子構造の変化（結合変化）であり、もう一つはエネルギー変化である（図2・1）。分子構造の変化は、生成物の構造を決定すれば大方のことは明らかになる。しかしエネルギー変化は複雑である。化学反応には途中経過がある。反応のエネルギー変化はその経路にそって変化する。これは反対にいえば、エネルギー変化を観察すれば、反応の全経路を明らかにすることができることを意味する。

2・1　反応エネルギー

化学反応には、化学カイロのように発熱するものと、簡易冷却パックのように冷たくなるものがある。前者を発熱反応、後者を吸熱反応という。

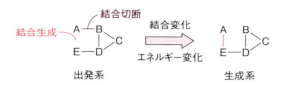

図2・1　結合変化とエネルギー変化[*1]

[*1] A→Bのように、物質変化だけを表した式を（普通の）化学式といい、A＝B＋熱（エネルギー）のようにエネルギー変化を表した式を熱化学方程式という。

2・1・1　内部エネルギー

分子はエネルギーを持っている（図2・2）。それは重心の移動に伴う並進運動エネルギー、結合の伸び縮み、回転に基づく振動回転運動エネルギー、原子間の結合に基づく結合エネルギー、原子に属する電子の持つ電子エネルギー（軌道エネルギー）、原子核を構成する粒子間の結合エネルギー、その粒子を構成する素粒子間の結合エネルギー、と、分子の持つエネルギーの種類は化学の進歩とともに次々と明らかになってきた。

これらのエネルギーのうち、並進運動エネルギーを除いたものを**内部エネルギー U** という。内部エネルギーはその種類も総量も不明である。しかし、その変化量、ΔU を観察することはできる（図2・3）。

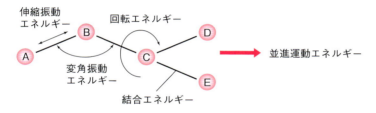

図2・2　分子の持つ多様なエネルギー

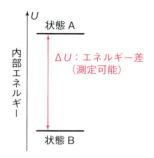

図2・3　内部エネルギーの変化量 ΔU は測定できる

2・1・2 反応エネルギー（図2・4）

反応 A→B において、A の内部エネルギーが B より大きい場合には、反応に伴ってそのエネルギー差 ΔE が外部に放出される。このような反応を**発熱反応**といい、放出されるエネルギーを一般に**反応エネルギー**あるいは**反応熱**という（図2・4(a)）。燃焼に伴う燃焼熱は反応エネルギーの一種である。

反対に A が B より低エネルギーの場合には、反応に伴って外部からエネルギーを吸収する。このような反応を**吸熱反応**という（図2・4(b)）。吸収されるエネルギーは反応に伴うエネルギーなので、発熱反応の場合と同様に反応エネルギーといわれる。

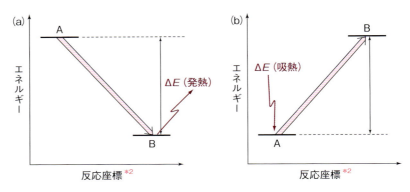

図2・4 発熱反応と吸熱反応[*3]

*2 反応座標
反応の進行の程度を表す尺度。通常は反応時間と考えればよい。

*3 A, B の太い横線はそれぞれ A, B の内部エネルギーを表す。したがって内部エネルギーの差が反応エネルギーとなる。

2・2 遷移状態と活性化エネルギー

燃焼は発熱反応であり、反応が進行すると熱が放出される。燃焼は燃料と酸素との反応である。ところが、燃料を酸素の十分に存在する空気中に放置しても燃焼は起こらない。燃料を燃焼させるためには、マッチで火をつけるなどして、熱を補給しなければならない。発熱反応を進行させるのに熱を補給しなければならないというのはどういうことだろうか。

2・2・1 遷移状態

化学反応は出発系から生成系に一足飛びに変化するものではない。多くの反応では途中にエネルギーの高い状態を経由する。この状態を**遷移状態 T** という[*4]。

*4 遷移状態について論じた H. アイリングの「絶対反応速度論」は、化学を代表する精巧な理論の一つといわれる。

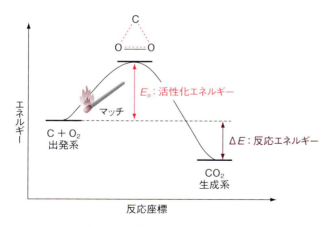

図 2・5　発熱反応のエネルギー変化

　炭素の酸化反応では、C＋O＝O という出発系から O＝C＝O という生成系に達する途中に、**図 2・5** に示したような三員環状態を経由すると考えられる。この状態では、O＝O の二重結合は切れかかっており、新しくできた C＝O 結合も生成途中である。全ての結合は不十分で不安定であり、したがって高エネルギーである。このように、不安定で高エネルギーなのが遷移状態である（2・3・1 項参照）。

2・2・2　活性化エネルギー

　図 2・5 は反応のエネルギー変化を表したものである。反応は遷移状態の、いわば峠を越えて進行しなければならない。この、峠を越えるために要するエネルギーを**活性化エネルギー E_a** という[*5]。燃料を燃やすために必要とされる熱は、この活性化エネルギーだったのである。しかし、いったん反応が進行してしまえば、2 回目の反応の活性化エネルギーは反応エネルギーによって賄うことができる。

　一般に活性化エネルギーが大きい反応は進行しにくく、反応速度も遅い。

2・2・3　反応エネルギーと遷移状態

　図 2・6 は活性化エネルギーと遷移状態の関係を表したものである。一般に発熱反応の活性化エネルギーは小さく、遷移状態の構造は出発系に近い（左図）。反対に吸熱反応の活性化エネルギーは大きく、遷移状態の構造は生成系に近いと考えられている（右図）。これを、発見者の名前をとって**ハモンドの仮説**という。

＊5　活性化エネルギーは、出発系と遷移状態との間のエネルギー差である。

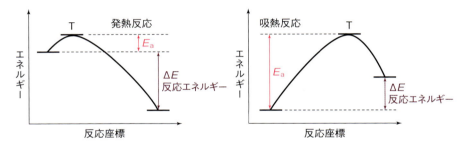

図 2・6 活性化エネルギーと遷移状態の関係

2・3 遷移状態と中間体

図2・7は逐次反応 A→B→C のエネルギー変化である。重要な点は、素反応 A→B、B→C それぞれに、遷移状態 T_1、T_2 が存在するということである[*6]。

*6 Bは中間体である。

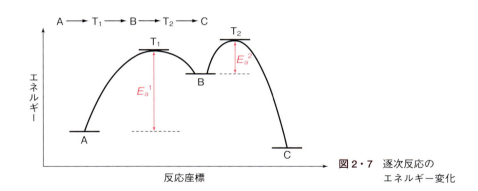

図 2・7 逐次反応のエネルギー変化

2・3・1 エネルギー極大と極小

一連のエネルギー変化において、遷移状態 T_1、T_2 はいずれも極大状態になっている。そのため、遷移状態を単離しようとすると、エネルギーの低い方、すなわち出発系か生成系に変化してしまう。このため、遷移状態を単離して調べることは原理的に不可能である。遷移状態を研究するには、スペクトル的な手段を用いた研究や、反応速度論的な解析をしなければならない。

それに対して、中間に生成する B はエネルギー極小の状態である。このようなものを**中間体**という[*7]。中間体は単離して調べることが可能である。一般に中間状態が安定（低エネルギー）な反応の活性化エネルギーは低くなる。

*7 中間体は各素反応の生成物である。

2・3・2 触媒反応

一般に**触媒**は、それ自身は変化しないが、反応速度を速めるものといわれる[*8]。**図2・8**は**触媒反応**のエネルギー変化である。

触媒反応においては、多くの場合、触媒Cは出発物Aと反応して中間体ACを生成する。そしてACが反応してBCになった後に触媒が外れて生成物Bが遊離される。一方、触媒Cは次のAと反応する。このため触媒は繰り返し反応に関与できるのである。

反応速度論的に重要なのは、この中間体が低エネルギーで安定ということである。そのため、反応の活性化エネルギーが低くなり、反応速度が速くなるのである。

[*8] 反応の中には、触媒がないと全く進行しないものもある。酵素はタンパク質でできた触媒である（15・4節参照）。

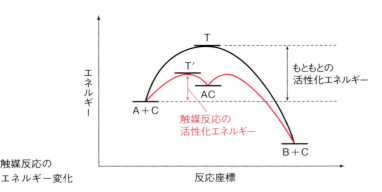

図2・8 触媒反応のエネルギー変化

2・3・3 速度論支配と熱力学支配

出発物Aが2個の生成物B、Cと二組の平衡反応を同時に起こす場合を考えてみよう。**図2・9**はこのような場合のエネルギー関係である。

内部エネルギーを比べるとBよりもCの方が低い。したがって、発熱する反応エネルギーはCを与える反応の方が大きく、活性化エネルギー

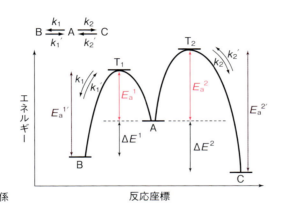

図2・9 平衡反応のエネルギー関係

もCを与える反応の方が大きい。そのため、反応速度はBを与える反応の方が速い。

この反応の濃度変化は**図 2・10**のようになる。すなわち、反応の初期では速い反応によってBが生成する。しかし、時間が経つにつれてより安定なCが主生成物となる。このような場合、Bを速度論支配生成物、Cを熱力学支配生成物という。

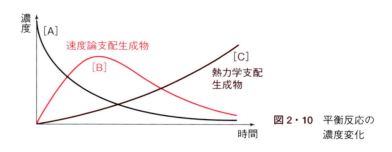

図 2・10　平衡反応の濃度変化

2・4　アレニウスの式

スウェーデンの化学者アレニウスは、反応速度を実験的に研究して、速度定数 k が式1で表されることを発見した。この式を**アレニウスの式**という。ここで、A は頻度因子と呼ばれる定数であり、R は気体定数である。

$$k = A \exp\left(\frac{-E_a}{RT}\right) \qquad (式1)$$

この式は、頻度因子 A の大きい反応は速度が速く、小さい反応は遅いことを示している。同時に、温度 T が高くなると速度が速くなるが、その割合は活性化エネルギー E_a に依存することを示す。

2・4・1　反応速度と反応温度

式1を対数に変換すると式2になり、速度定数 k_1、k_2 の比に直すと式3となる[*9]。

$$\ln k = \ln A - \frac{E_a}{R}\frac{1}{T} \qquad (式2)$$

$$\ln \frac{k_1}{k_2} = -\frac{E_a}{R}\left(\frac{1}{T_1} - \frac{1}{T_2}\right) \qquad (式3)$$

[*9]
$$\begin{aligned}
\ln \frac{k_1}{k_2} &= \ln k_1 - \ln k_2 \\
&= \left(\ln A - \frac{E_a}{R}\frac{1}{T_1}\right) \\
&\quad - \left(\ln A - \frac{E_a}{R}\frac{1}{T_2}\right) \\
&= -\frac{E_a}{R}\left(\frac{1}{T_1} - \frac{1}{T_2}\right)
\end{aligned}$$

表2・1は、式3を利用して、反応温度が反応速度定数に影響する様子を示したものである。一般に、反応温度が10℃上がると反応速度定数は2倍になるといわれる。しかしそれは活性化エネルギーが50 kJ mol^{-1}程度の反応である。活性化エネルギーが小さいと温度の影響も小さくなり、活性化エネルギーが大きいと影響も大きくなるのである。

表2・1　反応温度と速度定数

	E_a (kJ/mol)	k の相対値	
		$T_1 = 300$ K	$T_2 = 310$ K
I	0	1	1
II	53	1	2
III	176	1	10

2・4・2　反応速度に影響するもの

二分子反応は自動車の衝突事故に喩えることができる（図2・11）。事故が起こるためには自動車が衝突しなければならないが、それだけではない。事故と呼べる衝突になるためには、スピード、エネルギーが必要である。

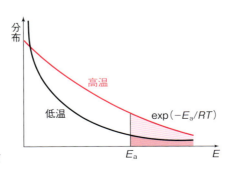

図2・11　二分子反応は自動車の衝突に喩えられる

アレニウスの式（式1）を遷移状態理論という理論で解析したところ、この式は衝突事故の関係に対応していることがわかった。すなわち、式1の頻度因子Aは分子（自動車）同士の衝突の確率を表しているのである。そして$\exp(-E_a/RT)$部分は、ボルツマン分布[*10]（図2・12）において活性化エネルギーE_a以上のエネルギーを持っている（スピードの速い）分子の分布を表しているのである[*11]。

*10　ボルツマン分布
分子のエネルギーは全てが同じわけではない。ある温度において分子集団の分子が持つエネルギーの分布を表したものをボルツマン分布という。

*11　高温だとE_a以上のエネルギーを持った分子が多く、低温だと少ない。

図2・12　ボルツマン分布

2・5 活性化エントロピー

ドイツの科学者アイリングによって提唱された反応速度論の純粋理論、遷移状態理論によると、反応を記述する要素にはエネルギー (H) とエントロピー (S) の二要素がある[*12]。

2・5・1 エントロピー

エントロピー S は乱雑さを表す尺度であり、S が大きいほど、系が乱雑であることを表す。そして、**熱力学第二法則**は、「自然界の変化はエントロピーの増大する方向に進行する」と宣言する。

例えば、箱を仕切りで二室に分け、片方の部屋に気体 A、もう片方に気体 B を入れた後に、仕切りを取り除いたとしよう。仕切りを除いた瞬間には A と B は分かれている。これは気体が秩序正しく互いに整然とすみ分けている状態である。しかし次の瞬間には気体は混じり合う。これは秩序を失った雑然とした状態である[*13]。

この逆の状態は、何かエネルギーを用いない限り、決して起こらない。これが熱力学第二法則である。

2・5・2 活性化エントロピー

遷移状態と出発状態の間のエントロピーの差を**活性化エントロピー** $\Delta S^{\ddagger}$ という[*14]。$\Delta S^{\ddagger}$ が正ならば遷移状態は出発状態より乱雑なことを意味する。反対に $\Delta S^{\ddagger}$ が負ならば遷移状態は出発状態より規則正しくなっていることを意味する。いくつかの例を図 2・13 に示した。

○反応 1：$\Delta S^{\ddagger} > 0$ であり、遷移状態は乱雑である。この反応は分解反応であり、遷移状態では結合が長く、弱くなっている。そのため、遷移状態は形態の自由度が増え、乱雑になっている。

○反応 2：$\Delta S^{\ddagger} < 0$ であり、遷移状態は秩序立っている。反応は閉環反応であり、遷移状態は環構造に近くなっているので、鎖状構造の出発系

[*12] 反応は一般に ①エネルギー (H) の低い方、②エントロピー (S) の大きい方に進行する。そのため、①と②を総合した指標として自由エネルギー (G) が考案されている。
$$G = H - TS$$
自由エネルギーを用いると、「反応は自由エネルギーの小さい方に進行する」と表現できる。

[*13]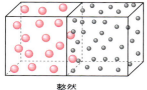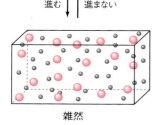

[*14] 一般に $\Delta S^{\ddagger}$ の測定には、精密で正確な反応速度の測定が必要である。そのため、実際の $\Delta S^{\ddagger}$ の測定では大きな誤差範囲が伴うことが多い。

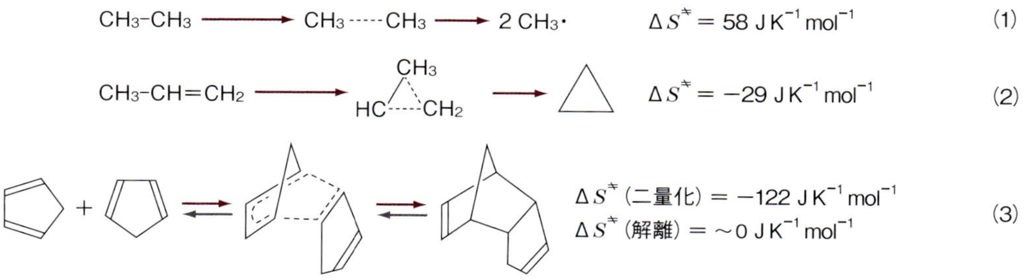

$$CH_3\text{-}CH_3 \longrightarrow CH_3\cdots CH_3 \longrightarrow 2\,CH_3\cdot \qquad \Delta S^{\ddagger} = 58\ \mathrm{J\,K^{-1}\,mol^{-1}} \qquad (1)$$

$$CH_3\text{-}CH=CH_2 \longrightarrow \underset{HC\cdots CH_2}{CH_3} \longrightarrow \triangle \qquad \Delta S^{\ddagger} = -29\ \mathrm{J\,K^{-1}\,mol^{-1}} \qquad (2)$$

$$\Delta S^{\ddagger}(\text{二量化}) = -122\ \mathrm{J\,K^{-1}\,mol^{-1}}$$
$$\Delta S^{\ddagger}(\text{解離}) = \sim 0\ \mathrm{J\,K^{-1}\,mol^{-1}} \qquad (3)$$

図 2・13　反応と活性化エントロピー

Column 酵素反応

生体内で進行する反応（生化学反応）は多くの場合、酵素の助けを借りる。酵素が反応の活性化エネルギーを低下させ、反応を進行しやすくすることは側注8で見た通りである。

酵素のもう一つの特徴は鍵と鍵穴の関係である（15・4・2参照）。これは、特定の酵素は特定の反応しか活性化しないということである。

この原因は、酵素と基質（出発物）の間に水素結合による複合体（遷移状態の一種）が生じることである。その一例を図に示した。このように、酵素と基質が緊密に水素結合するためには、互いの水素結合可能な位置が正確に合致する必要がある。そのために、基質と酵素の間には鍵と鍵穴の関係に象徴される1:1の相補性が生じるのである。

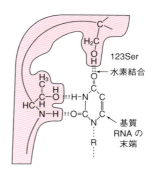

図　酵素と基質の水素結合
中束美明『生命の科学』培風館（1998）より引用。

より形態の自由度は減っている。

○反応3：環状付加反応である。反応は可逆反応であり、正反応は2個の分子が1個にまとまるものである。そのため $\Delta S^{\ddagger} < 0$ となっている。それに対して逆反応は1個の分子が2個に分裂するものであり、遷移状態の自由度は増えると予想される。しかし $\Delta S^{\ddagger} = 0$ である。これは遷移状態の構造が出発状態に近いことを示すものである。

このように、活性化エントロピーは遷移状態を推定するうえで重要な知見を与えてくれるものである。

演習問題

2.1 内部エネルギーを構成するエネルギーの種類をあげよ。

2.2 発熱反応と吸熱反応の例をあげよ。

2.3 活性化エネルギーが反応エネルギーより大きい反応を進行させるにはどうすればよいか。

2.4 遷移状態と中間体の違いを説明せよ。

2.5 平衡反応において、正反応と逆反応の活性化エネルギーはどのような関係になるか。図を用いて説明せよ。

2.6 触媒反応では、本書のAC（2・3・2項参照）を遷移状態として説明することもある。この場合の活性化エネルギーを図を用いて説明せよ。

2.7 ① 温度が高くなった場合、② 活性化エネルギーが大きくなった場合には、それぞれ反応速度はどうなるか。アレニウスの式から推定せよ。

2.8 熱力学第二法則に従う自然の変化をあげよ。

2.9 脱離反応、開環反応の活性化エントロピーは正か負か推定せよ。

2.10 2・5・2項の反応3の正反応は発熱反応か、吸熱反応か。ハモンドの仮説（2・2・3項）から推定せよ。

第3章 有機反応機構の表現法

有機化学反応は出発物から生成物に一挙に変化するものではない。一段階反応でも多くの場合には遷移状態が存在する。また、多くの有機化学反応は多段階反応であり、多様な中間体を経由して最終生成物に到達する。この反応経路において登場する中間体を明らかにしたものを**反応機構**と呼ぶ。有機化学の反応機構を表す式、構造式には、独特の表現法がある。それは、原子の動きではなく、電子の動きを表現するものである。

3・1 結合切断の表現法

*1 σ結合は有機化合物の場合、炭素の混成軌道と水素の1s軌道、もしくは混成軌道同士の間にできる結合であり、強固でかつ回転可能である。詳しくはⅠ巻を参照していただきたい。

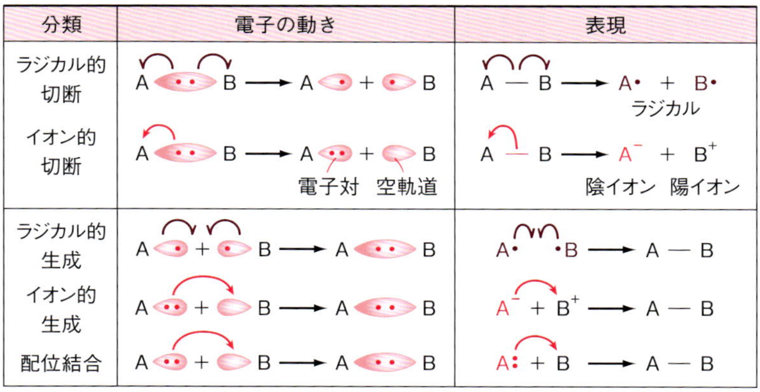

有機化学の反応機構では電子や電子対の動きが重要となる。結合切断を例にとってその表現法を見てみよう。σ結合[*1]A−Bが切断される場合には、図3・1上に示したようないくつかの切断法がある。なお、この際重要なことは、A、B間の共有結合A−Bは2個の結合電子からなる結合電子雲によって形成され、共有結合を表す直線"−"は2個の電子（電子対）に対応するということである。

図3・1 σ結合の切断・生成の表現法

3・1・1 ホモリティックな切断

2個の結合電子がA、Bそれぞれに1個ずつ付いてゆく場合。このような切断を**ホモリティックな切断**、あるいはラジカル的な切断といい、生成したA・、B・をそれぞれ**ラジカル**（**遊離基**）、電子・を**ラジカル電子**という。A、Bが原子団でなく、原子の場合にはA・、B・はそれぞれA、Bに等しく、この場合にはラジカル＝原子となる[*2]。

*2
H–Cl ⟶ H・ + Cl・
　　　　水素ラジカル　塩素ラジカル
　　　　＝水素原子　　＝塩素原子

ホモリティックな切断は図のように、1個1個の電子の動きそれぞれを片羽根の小さく曲がった矢印（⤳）で表す約束である。

3・1・2 ヘテロリティックな切断

結合電子がA、Bどちらかに2個とも付いてゆく場合。このような切断を**ヘテロリティックな切断**、あるいは**イオン的な切断**という。

2個の電子がAに行ったとすると、Aは中性状態より電子が1個多いので-1の電荷を持つことになる。このようなものを**陰イオン**、あるいは**アニオン**と呼ぶ。炭素の陰イオンは特に**カルバニオン**と呼ばれることもある。

一方、電子を受け取らなかったBは電子が足りなくなるので$+1$の電荷を持つ。このようなものを**陽イオン**、あるいは**カチオン**という。炭素の場合には特に**カルボカチオン**ということもある。

ヘテロリティックな切断では、2個の電子が電子対としてまとまって動くと解釈し、その移動を両羽根の小さく曲がった矢印（⌒）で表す。

3・2 結合生成の表現法

結合生成は結合切断の逆である。表現法は切断の場合と類似している（**図3・1下**）。

3・2・1 結合生成

ラジカル的結合生成の場合には、1個の電子の動きを片羽根の小曲矢印で表す。一方、イオン的な生成の場合には、電子対の動きを両羽根小曲矢印で表す。

結合には**配位結合**[*3]もある。これは非共有電子対と空軌道の間でできる結合である。したがって、電子の動きとしてはイオン的結合生成の場合と同じである。表現法においては $+-$ の記号がなくなる。

3・2・2 小曲矢印の方向

ここでわかるように、反応機構の構造式に付きものの小さく曲がった矢印は、電子もしくは電子対の動きを表すものであり、原子の動きを表すものではない。したがって、小曲矢印の起点はどのような場合においても電子もしくは電子対であり、陰イオンあるいは非共有電子対が動くように表さなければならない。

3・3 π結合の生成と切断

反応機構で大切なのはπ結合の挙動である（**図3・2**）。この表現も、基本的にはσ結合の切断と生成の場合と同じである。すなわち、1本の

[*3] 配位結合の例

H$_3$N⬬ + ⬭BF$_3$
非共有電子対　空軌道

⟶ H$_3$N⬬BF$_3$ ≡ H$_3$N–BF$_3$

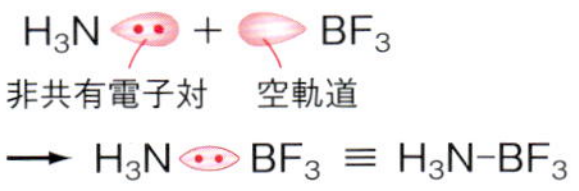

配位結合は、結合する2個の原子のうち、一方だけが2個の結合電子を供給する結合である。しかし、できてしまえば普通の共有結合と同じである。

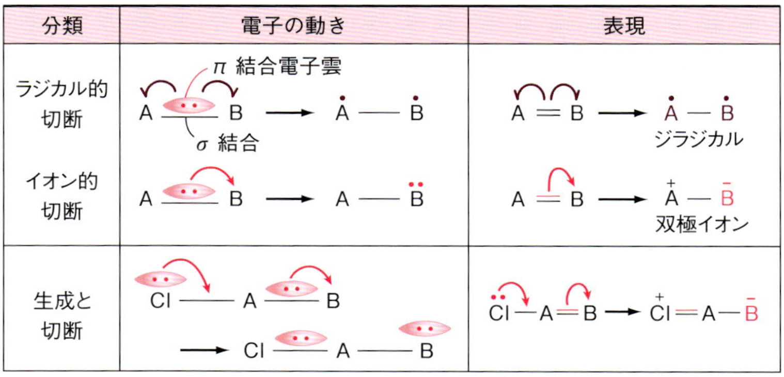

分類	電子の動き	表現
ラジカル的切断	π結合電子雲 / A—B → Ȧ—Ḃ / σ結合	A=B → Ȧ—Ḃ ジラジカル
イオン的切断	A—B → A⁺ B:⁻	A=B → A⁺—B⁻ 双極イオン
生成と切断	Cl—A=B → Cl A—B	Cl̈—A=B → Cl⁺=A—B⁻

図3・2 π結合の切断・生成の表現法

π結合を構成する2個のπ電子がラジカル的に切断される場合には片羽根の小曲矢印で表し、一方イオン的切断で2個のπ電子が同時に移動する場合には、2個のπ電子を電子対とみなして両羽根小曲矢印で表すのである。

3・3・1 π結合の切断

二重結合 A＝B を構成する2個のπ電子が1個ずつ A、B 上に移動したとしよう。当然、π結合は消滅し、A、B 上には不対電子、すなわちラジカル電子が現れることになる。このような状態を一般に**ジラジカル**という。

π結合電子が2個とも原子 B 上に移動したとしよう。π結合は消滅し、代わりに A が電子欠損、B が電子過剰となる。すなわち**双極イオン**[*4]状態となる。

*4 A⁺-B⁻ のように同一分子内に＋の部分と－の部分があるものを双極イオンという。

3・3・2 π結合の生成

C＝C 二重結合に塩素が結合した系を考えてみよう（**図3・3**）。塩素は 3p 軌道に非共有電子対を持っている。この非共有電子対は炭素間のπ結合と非局在化し、3原子にまたがった**非局在 π 結合**（共役二重結合）を形成することができる。この状態は C−Cl 間に π 結合が生成したことを意味する。

非局在化の結果、塩素上の2個の非共有電子対電子はπ電子として非局在系全体に散らばる。したがって、各原子上には 4/3 個のπ電子が存在することになる[*5]。これを（π）**電子密度**という。この電子密度を各原子の中性状態での電子数と比較すると、塩素は 2/3 個少なくなっており、反対に炭素は 1/3 個ずつ増えている。すなわち塩素は ＋2/3 に荷電し、炭素は －1/3 に荷電していることになる。

*5 π電子数は2個の C 上に1個ずつ、Cl 上に非共有電子対に由来する2個、合計4個が存在し、これが3個の原子上に散らばるので、単純計算すると各原子上には 4/3 個ずつ存在することになる。

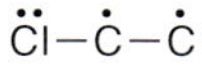

C̈l–Ċ–Ċ

以上のことを電子の動きとして単純化したものが図 3・3 の表現である。すなわち、塩素上の電子対が Cl−C 間に移動し、それに追い出されるように C−C 間の π 結合電子が右の C 上に移動する。この結果、Cl は ＋ に、右端の炭素は − に荷電することになる[*6]。

*6
・炭素の荷電数
　　＝ 1 −（電子密度）
・塩素の荷電数
　　＝ 2 −（電子密度）

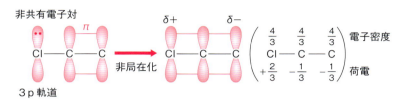

図 3・3　クロロエチレンの非局在 π 結合

3・3・3　非局在系の切断と生成

非局在系であるブタジエンに塩素が結合した系を考えてみよう（図 3・4）。この場合にも上と同様に、塩素上の非共有電子対が炭素 π 系に非局在化する。つまり、C−Cl 間に π 結合が生成し、炭素系の π 結合は形式的に 1 個ずつ右に移動し、右端の炭素 C^4 上に非共有電子対が現れる。

この様子は一般的に図 3・4 下のように表現される。つまり、Cl 上の非共有電子対が C−Cl σ 結合上に移動し、それに追い出されるように C−C 間の π 結合が移動するのである。

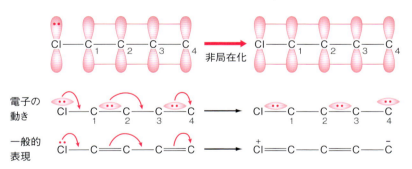

図 3・4　クロロブタジエンの非局在 π 結合

3・4　ベンゼン環上の電子密度

ベンゼンでは 6 個の炭素原子は完全に等価であり、どれが ＋、どれが − に荷電しているということはない。しかし、置換基が付くと等価性は崩れ、特定の炭素が ＋ あるいは − に荷電する。これは後の章で見るベンゼンの反応性において**配向性**として大きな影響を持つことになる（11・3 節参照）。

3・4・1 π電子供与性

ベンゼンに塩素の付いた系を考えてみよう（図3・5）。この場合にはまず、3・3・2項で見たことが起こる。すなわちCl上の非共有電子対がCl–C^1間に移動し、C^1–C^2間のπ電子がC^2上に溜まって構造**2**となる[*7]。この後は3・3・3項と同様である。C^2上の電子対はC^4、C^6上にと次々に移動し、最終的にはClに戻って元の構造**1**になる。

このような電子移動の結果、Cl上の非共有電子対は瞬間的にしろ、C^2、C^4、C^6すなわち置換基Clに対してオルト位（C^2, C^6）とパラ位（C^4）に留まることになる。これは、オルト位とパラ位の電子密度が上がり、この部位が－に荷電することを意味する。したがって、塩化ベンゼンを求電子試薬が攻撃するときには、電子密度の高いオルト位、パラ位を優先的に攻撃することになる（**図3・6**）。このような現象を**オルト・パラ配向性**という（11・3・1項参照）。

*7 塩素原子には、このようにCl上の非共有電子対がベンゼンと共役するR効果の他、I効果による電子求引効果がある。全体としては電子求引効果の方が大きいことに注意しなければならない（第11章コラム参照）。

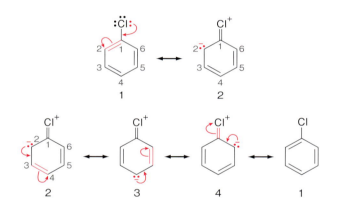

図3・5　ベンゼンへのπ電子供与

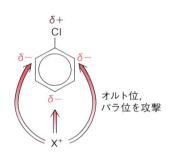

図3・6　オルト・パラ配向性[*8]

*8 矢印⇒は原子団の機械的移動方向を表す。電子対の移動ではないことに注意。

3・4・2 π電子求引性

電子求引性の置換基、ニトリル基がベンゼンに結合したベンゾニトリルの場合を考えてみよう（図3・7）。ニトリル基を構成するCとNを比較すれば、Nの方が電気陰性度が大きい。そのため、CN基のπ電子は矢印に従ってN上に移動する。その結果、構造**2**のようにNは－に、Cは＋に荷電する。

すると、このC^+に引かれるようにして、C^1–C^2間のπ電子がC–C^+σ結合上に移動して**3**となる。この後は図の矢印が示すように順繰りにπ電子が移動する。この結果、オルト位とパラ位が＋に荷電することになる。

したがって、ベンゾニトリルを求電子試薬が攻撃するときには、＋に

図3・7 ベンゼンからのπ電子求引

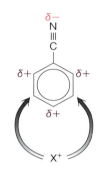

図3・8 メタ配向性

荷電していないメタ位（C^3、C^5）を優先的に攻撃することになる（図3・8）。このような現象を**メタ配向性**という（11・3・2項参照）。

3・5 試薬攻撃の表現法

二分子反応において、試薬が基質を攻撃するときの様子はどのように表現されるのかを見てみよう（1・3・2項参照）。

3・5・1 求核攻撃

求核試薬は基質の＋部分を攻撃するので、自身は電子豊富である。つまり、負電荷を持った陰イオンか非共有電子対を持った試薬である。したがって、攻撃するのは負電荷に相当する電子対か、非共有電子対であり、矢印の起点は－（マイナス）記号か、電子対を表す2個の・となる。

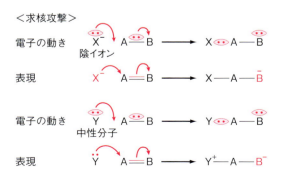

3・5・2 求電子攻撃

求電子試薬は基質の負電荷部分を攻撃する。したがって、自身は電子不足で正電荷を帯びた状態である。この試薬の攻撃の表現は、誤解を招きやすい。つまり、小曲矢印は電子対の動きを表すのに対して、求電子試薬にはその電子対が存在しない。つまり、矢印の起点がないのである。

求電子試薬の場合には、試薬が基質を攻撃するのでなく、基質によって迎え撃たれると考える。すなわち、陰イオンならばその電子対、基質が二重結合ならばπ電子が求電子試薬を攻撃するのである。

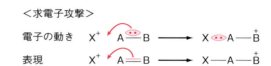

3・6 共鳴と互変異性

化学反応における構造変化は、変化の順に並べた構造式の間に矢印を付けて表す。不可逆変化ならばA→B→Cであり、可逆変化であるならA⇄B⇄Cである。ところが、化学式の表現にはもう一つの矢印、双頭の矢印 ↔ がある。

3・6・1 共鳴

共鳴は原子価結合法[*9]の名残であり、化合物の真の構造はケクレ構造[*10]では表せない場合があると考える。ベンゼンが典型であり、ケクレ構造では**図3・9**A、Bのように表されるが、真の構造はこのどちらでもない。

このような場合、真の構造を双頭の矢印を使ってA↔Bと表し、A、Bを**共鳴構造（極限構造）**、実体を**共鳴混成体**と呼ぶ。すなわち、共鳴においては、限界構造式[*11]A、Bに相当する分子は実在しないのである[*12]。

共鳴混成体の内部エネルギーはA、Bのどちらよりも低くなり、そのエネルギー差 ΔE を**共鳴エネルギー**と呼ぶ（図3・9）。共鳴エネルギーの大きいものほど安定である。

3・6・2 互変異性

互変異性は可逆反応である。したがって、A⇄Bのように、逆向きの2本の矢印で表す。この場合にはA、Bはどちらもが実際に存在する分子であり、分子はある瞬間にはAの構造、ある瞬間にはBの構造となる。アセトアルデヒド（ケト形）とビニルアルコール（エノール形）の間の

---

*9　**原子価結合法**
分子を作る結合を、各原子が持っている結合手によるものとする考え方。一般的な構造式で表される結合が、この考えに基づくものである。この考え方によれば、各結合は各原子の近傍に固定されていることになる。しかし、共役二重結合のような結合は、特定の二原子間に固定されるものでなく、分子全体に広がる結合であり、原子価結合法では適切に取り扱うことが困難であった。この問題を根本的に解決したのが本章コラムでみる分子軌道法である。

*10　ドイツの化学者アウグスト・ケクレ(1829〜1896)が提唱した分子軌道の表現法。

*11　**限界構造式**
共鳴式で表現される構造（図のA,B）であり、原子価結合法に基づいて表記される。

*12　共鳴という考え方は、有機分子の反応性を"定性的"に理解するためには簡単で感覚的でわかりやすいかも知れない。しかし、"定量的"に普遍的に理解するには分子軌道法の方が優れている。用途に応じて使い分けることが求められる。

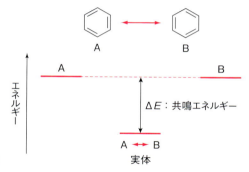

図 3・9 ベンゼンの共鳴構造

ケト・エノール互変異性がよく知られている。一般にケト形の方が安定なため、この分子はアセトアルデヒドの形で書くことになっている。

Column 分子軌道法

　化学結合の考え方、取り扱い方はいろいろある。原子価結合法と分子軌道法はその両極端である。

　原子価結合法では、結合は、結合する2原子間に固定されるものと考える。それに対して分子軌道法では、結合は分子全体に広がるものと考え、分子の電子(結局は分子を構成する全原子の全電子)は、分子全体に広がる分子軌道に入るものと考える。

　水素分子は2個の原子に基づく2個の電子を持っている。分子軌道法では、水素分子は、それぞれの1s軌道からできた2個の分子軌道を持つと考える。1s軌道エネルギー($E = \alpha$)よりエネルギーの低い($E = \alpha + \beta$)結合性軌道と、エネルギーの高い($\alpha - \beta$)反結合性軌道である(なお、αもβも負の値を持つ)。

　原子の場合と同じように、分子軌道には2個の電子が入ることができる。この結果、水素分子の2個の電子はエネルギーの低い結合性軌道に入ることになる。これは、水素分子を作ることにより、原子状態でいるより2βだけ、エネルギーが低くなったことを意味する。すなわち、この2βが水素分子の結合エネルギーなのである(βの値は絶対値として考える)。

　ヘリウムがもしヘリウム分子He_2を作ったとすると、4個の電子は結合性軌道に2個、反結合性軌道に2個入ることになる。この結果、結合エネルギーは生じない。そのためにヘリウムは分子を作らないのである。

　このように、分子軌道法を用いると結合に関する諸問題を定量的に考えることができる。

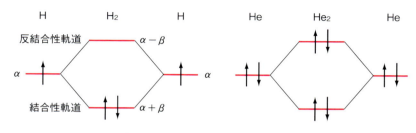

図 水素分子・ヘリウム分子の結合エネルギー

演習問題

3.1 水素分子の開裂はホモリティックに起こる。その理由を説明し、反応式を書け。
3.2 水の解離はヘテロリティックに起こる。その理由を説明し、反応式を書け。
3.3 塩化ベンゼンへの求電子攻撃はオルト位、パラ位に起こるが、反応性はベンゼンそのものより低い。理由を説明せよ。
3.4 ベンズアルデヒドの電荷分布を電子対の移動によって説明せよ。求電子試薬の攻撃位置を示せ。
3.5 フェノールの電荷分布を電子対の移動によって説明せよ。求電子試薬の攻撃位置を示せ。
3.6 ピロールの電荷分布を電子対の移動によって説明せよ。
3.7 エチレンを水が求核攻撃した場合の反応式を書け。
3.8 エチレンをプロトンが求電子攻撃した場合の反応式を書け。
3.9 塩化ベンゼンの極限構造をできるだけたくさん書け。
3.10 フェノールがケト形になった場合の構造式を書け。フェノールがエノール形でいる理由を説明せよ。

第4章 置換反応

分子 R–X の置換基 X が他の置換基 Y に置き換わって R–Y となる反応を一般に置換反応という。化学反応には、出発分子が一分子的に反応する一分子反応と、他の分子と衝突することによって起こる二分子反応がある。また、試薬が求電子的な場合の求電子反応と、求核的な場合の求核反応がある。置換反応にもそのような区分けがあり、それに応じて何種類かの置換反応がある。

4・1 置換反応一般

置換反応は一見したところ簡単な反応のように見えるが、反応機構に立ち入って考えるといろいろな問題が見えてくる。

4・1・1 求核反応と求電子反応

置換反応(substitution reaction)は、分子 R–X の**置換基**(substituent group) X が新しい置換基 Y に置き換わる反応である[*1]。このとき、Y は求核試薬(nucleophilic reagent) Y^- として攻撃することもあれば、求電子試薬(electrophilic reagent) Y^+ として攻撃することもある。

前者を求核置換反応といって記号 S_N で表し、後者を求電子置換反応といって記号 S_E で表す。分子 R–X の R がアルキル基の場合には多くの場合 S_N 反応が進行する。S_E 反応が進行するのは多くの場合、芳香族で起こる芳香族置換反応なので、これに関しては 11・2 節で詳しく見ることにする。

求核置換反応　　$Y^- + R-X \longrightarrow R-Y + X^-$
求電子置換反応　$Y^+ + R-X \longrightarrow R-Y + X^+$

[*1] 分子の物性、反応性は置換基によって大きく影響される。したがって、置換反応は一見、簡単な反応であるが、分子の性質を大きく変化させる反応である。

4・1・2 一分子反応と二分子反応

反応には A→B のように、一分子 A だけで進行する反応もあるが、A＋B→C のように、二分子 A、B が衝突することによって起こる反応もある。前者を一分子反応、後者を二分子反応という (1・1・1 項参照)。

反応には何段階もの反応が連続する反応がある。このような反応の場合、最も反応速度の遅い段階を律速段階という。律速段階とは、多段階反応全体の速度を決定する段階という意味である (1・4・1 項参照)。

S_N 反応のうち、律速段階が一分子反応のものを一分子求核置換反応 $S_N 1$ といい、二分子反応のものを二分子求核置換反応 $S_N 2$ という。

一分子反応　A $\longrightarrow$ B
二分子反応　A ＋ B $\longrightarrow$ C

4・2 S_N1 反応

求核置換反応のうち、律速段階が一分子反応のものを**一分子求核置換反応**（S_N1 反応）という。

4・2・1 反応機構

S_N1 反応は二段階反応である。一段階目は、出発分子 R–X がイオン的に分解して陽イオン R^+ と陰イオン X^- となる反応である。この反応は、R–X が自分自身で、他の分子の影響を受けることなく分解する反応なので一分子反応である。次いで二段階目は、R^+ に求核試薬 Y^- が攻撃する反応である。この反応は R^+ と Y^- の衝突によって起こる反応であり、二分子反応である。

すなわちこの反応は、一分子反応と二分子反応からなる二段階反応である。しかし、全体の律速段階は一段階目であり、そのためにこの反応を一分子求核置換反応というのである[*2]。

*2 置換反応の分類は、反応の主要段階、すなわち律速段階の様式によって決められることが多い。

$$\text{二段階反応}: \quad R-X \xrightarrow[\text{I}]{\text{分解}} R^+ + X^- \xrightarrow[\text{II}]{Y^- \text{攻撃}} R-Y$$

4・2・2 反応速度と置換基効果

反応の律速段階が一段階目のイオン的分解反応であるため、S_N1 反応の反応速度は置換基の影響（**置換基効果**）を受ける。

A 電子供与基

すなわち、生成した陽イオン R^+ を安定化する置換基が付いていると速度が速くなる。これは、一般に生成物（R^+）が安定化するとそれにつれて遷移状態も安定化し、その結果、活性化エネルギー E_a が小さくなるからである（**図4・1**）。

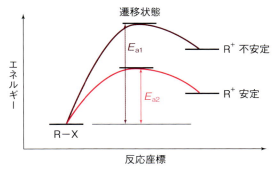

図4・1 遷移状態の安定化と活性化エネルギー

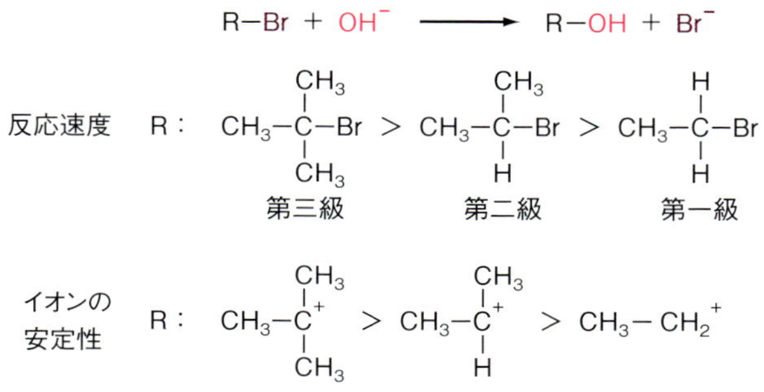

$$R-Br + OH^- \longrightarrow R-OH + Br^-$$

反応速度 R：第三級 > 第二級 > 第一級

イオンの安定性 R：$(CH_3)_3C^+$ > $(CH_3)_2CH^+$ > $CH_3-CH_2^+$

図4・2 メチル基によるカルボカチオンの安定化

図4・2に示したように、臭化アルキルの置換反応では、Rが第三級＞第二級＞第一級の順で反応速度が速くなっている。これは、それぞれから発生する陽イオンに結合するメチル基、すなわち電子供与基の個数と一致している。つまり、電子供与基が陽イオンを安定化しているのである[*3]。

*3 簡単にいえば、"メチル基のたくさん付いている C^+ が安定"ということ。

B ハメットプロット

置換基にはその電子的効果に応じて**ハメット値 σ**[*4]が決まっている。電子求引基は σ の値がプラス、電子供与基はマイナスであり、その絶対値が大きいほど効果が大きい。また、ハメット値と反応の相対速度の間には式1の関係が知られており、その係数 ρ（ロー）を**ハメット係数**という。

ハメット係数がプラスの反応は電子求引基の付いた方が有利に進行する。反対にハメット係数がマイナスのものは電子供与基が付いた方が有利である。図4・3は S_N1 反応の**ハメットプロット**である。ρ 値がマイナスであることがわかる。したがって置換基Qは電子供与基である方が速く進む。

*4 置換基の電子求引性、供与性の程度を定量的に表した指標（詳しくはⅠ巻参照）。

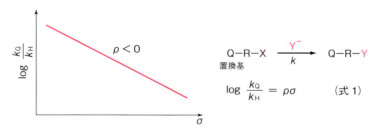

$$\log \frac{k_Q}{k_H} = \rho\sigma \quad (式1)$$

図4・3 S_N1 反応のハメットプロット

4・2・3 立体化学

不斉炭素を持つ光学活性化合物 A の S_N1 反応を考えてみよう。不斉炭素の混成状態は sp^3 である。しかし、脱離基 X が外れて陽イオンになると、炭素はより安定な sp^2 混成状態に変化する。したがって生じた陽イオンは平面状態であり、2p 軌道が空軌道となっている（図4・4）。

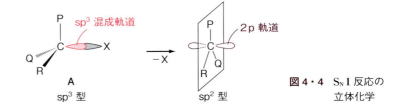

図4・4 S_N1反応の立体化学

A　陽イオンの安定構造

一般に3個の置換基を持った炭素陽イオンの構造には、sp^3混成軌道型とsp^2混成軌道型の二種類がある。このうち、どちらが安定型かを考えてみよう。

図4・5は、2s軌道、2p軌道、およびこの2種の軌道からできる各種混成軌道のエネルギーを比較したものである。エネルギーの低いs軌道の成分が多い軌道ほど低エネルギーになっている。

3個の置換基を持った炭素陽イオンの結合電子は6個であり、イオンの安定性はこの電子の持つエネルギーにかかっている。すなわち、6個の電子はsp^2混成軌道に入るのがエネルギー的に最も有利なのである。このため、sp^3混成軌道型陽イオンは、他の条件が許す限りsp^2混成軌道型陽イオンに変化するのである。

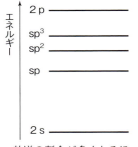

p軌道の割合が多くなるほど高エネルギーとなる。

図4・5 軌道のエネルギー準位

B　求核試薬の攻撃方向

求核試薬 Y^- はこの2p軌道に攻撃することになる。この際、平面イオンに攻撃する仕方は、**図4・6**のⅠ、Ⅱ両方向があることになり、それにつれて生成物はBとCになる。B、Cはそれぞれ不斉炭素を持つ鏡像異性体（エナンチオマー）である。

すなわち、光学活性なAがS_N1反応すると、鏡像異性体B、Cの1：1混合物、ラセミ体が生成するのである。これは生成物（混合物）が光学不活性であることを意味する。この結果は次に見るS_N2反応と比べて大きな違いとなっている。

4・3　S_N2反応

求核置換反応のうち、律速段階が二分子反応になっているものを**二分子求核置換反応**（S_N2反応）という*5。

*5　S_N1反応は二段階反応であるが、S_N2反応は一段階反応である。

$$R-X \xrightarrow[\text{一段階反応}]{Y^-\text{攻撃}} R-Y$$

4・3・1　反応機構

S_N2反応の反応機構は次のようなものである（**図4・7**）。すなわち、求核試薬 Y^- が出発物 R-X に対して、脱離基 X の裏側から、まるで X を

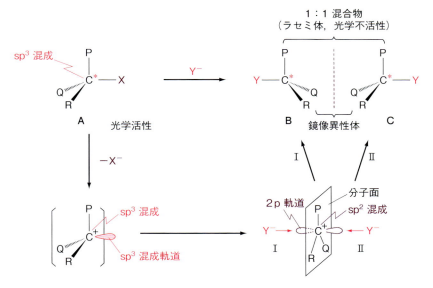

図4・6 S$_N$1反応によるラセミ体生成[*6]

追い出すようにして攻撃するのである。この結果一時的に、炭素に5個の置換基が結合した状態が生じる。これはエネルギーが極小の中間状態ではなく、エネルギーが極大の遷移状態である。したがってこの反応は二段階反応ではなく、一段階反応である[*7]。

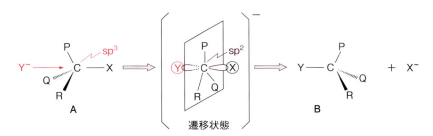

図4・7 S$_N$2反応の立体化学

[*6] S$_N$1反応では途中にイオンが生じるため、イオンを安定化する溶媒、すなわちアルコール、水などの極性溶媒中で速く進行する。

[*7] S$_N$2反応には中間体はない（一段階反応）。S$_N$1反応には中間体がある（二段階反応）。

4・3・2 反応速度

この遷移状態では、炭素は sp^2 混成状態を取っているものと考えられる。そして 2p 軌道に2個の置換基、X、Y が結合しているのである。したがって遷移状態は求核試薬 Y$^-$ の負電荷をそっくり引き継いでおり、負電荷を帯びている。この遷移状態を安定化するには P、Q、R が電子求引基であると有利である。

すなわち、電子求引基が付くと遷移状態が低エネルギー化し、活性化エネルギーが低下して反応速度は速くなる。これはハメット係数 ρ が正になることを意味し、S$_N$1反応と逆の関係になる（**図4・8**）。

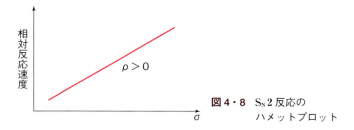

図 4・8 S_N2 反応のハメットプロット

4・3・3 立体化学

図 4・7 の遷移状態では、3 個の置換基 P、Q、R と炭素が作る平面の両側に、反応に関与する置換基 X、Y が結合している。このうち、X が脱離すると、P、Q、R は空いた X の側にシフトする。この結果、分子の形は出発状態に比べて反転した形になる。すなわち、こうもり傘が風に煽られてボンボリ状態になるのに似ている（**図 4・9**）。この反転を発見者の名前をとって**ワルデン反転**という。

このように S_N2 反応では、光学活性体 A から生成するものは B だけである（図 4・6 参照）。B は鏡像異性体の片方であるから、光学活性状態である。すなわち、S_N2 反応では、光学活性体が反応すると光学活性体を生成するのである。これは S_N1 反応との大きな違いである。

図 4・9 S_N2 反応による立体配置の反転

4・4　反応機構の判定

求核置換反応が S_N1 機構で進行しているのか、それとも S_N2 機構で進行しているのかを判定するのは必ずしも容易なことではない[*8]。

*8　反応が S_N1 で進行するか、S_N2 で進行するかは、出発物質の構造だけでなく、溶媒、温度、濃度などの反応条件に複雑に依存するため、単純に分類することは困難である。

4・4・1　構造解析

一つの判定基準は反応の光学的性質である。光学活性物質を反応させて、生成物がラセミ体ならば S_N1 機構、生成物が光学活性ならば S_N2 機構、というのはわかりやすいが、どの反応でも光学活性な出発物質を用意できるとは限らない。

4・4・2 反応速度

反応速度の面から判定することも可能である。

A 反応速度式

S_N1 は一分子反応であるから、反応速度 v は $v = k$ [基質] となり、試薬濃度には影響されない[*9]。また、試薬の性質（求核性の強度）も反応速度に影響しない。すなわち、試薬を変えても反応速度は変化しない。

一方、S_N2 は二分子反応なので $v = k$ [基質][試薬] となり、基質濃度、試薬濃度両方に依存する。当然、試薬の性質も反応速度に影響する。すなわち、試薬の求核性が強くなるほど加速されることが予想される。

[*9] k：反応速度定数
この定数の値が大きいほど反応速度が速いことを意味する（1・2・2項参照）。

B 置換基効果

また、置換基効果も変わってくる。**図 4・10** は、求核置換反応における基質の置換基効果に関するハメットプロットの模式図である。一般に電子供与基（ハメット値 $\sigma < 0$）が付くと S_N1 機構が有利になり、グラフは右下がり、$\rho < 0$ となる。反対に電子求引基（ハメット値 $\sigma > 0$）が付くと S_N2 機構が有利になり、グラフは右上がり、$\rho > 0$ となる。

このグラフは、反応機構は固定されたものではなく、置換基によって S_N1 機構で進行したり、S_N2 機構で進行したりするものであることを示すものである。

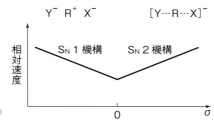

図 4・10　置換基効果とハメットプロット[*10]

[*10] S_N1 反応は R^+ となるので、R に電子供与基が付くと有利になる。しかし、S_N2 反応では複合体（Y…R…X）全体が負の電荷を持つので電子求引基の方が有利になる。

4・4・3 溶媒効果

溶媒も反応速度に影響を及ぼす。S_N1 反応では中間体として陽イオンが生じる。したがってイオンを安定化させる溶媒、すなわちアルコール、含水アルコールなどの極性溶媒中で加速される[*11]。それに対して S_N2 反応ではそのような効果は少ない。

このように、有機化学反応においてはさまざまな要素がさまざまな影響を及ぼす。このような要素を見落とすことなく、しかもそれらの効果を総合的に判断できるように訓練することが大切である。

[*11] 溶媒がイオンを安定化させる効果は比誘電率で見積もることができる。比誘電率が大きいほど安定化効果が大きい。
水　78.3
メタノール　32.6
エタノール　24.3
液体アンモニア　22.0
アセトン　20.7
ベンゼン　2.28
シクロヘキサン　2.02

Column 溶媒の働き

多くの有機化学反応と全ての生化学反応は溶液中で行われる。溶液とは溶質が溶媒に溶けたものである。溶液中では溶質は1分子ずつバラバラになり、周りを溶媒分子で取り囲まれている。この状態を一般に溶媒和といい、溶媒が水の場合には特に水和という。

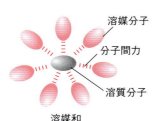

溶媒和

溶媒和された溶質分子（反応分子）の挙動は当然溶媒の影響を受ける。溶媒はいくつかの種類に分けることができるが、主なものに次のものがある。

A　プロトン性溶媒
H^+ を放出する溶媒：水、アルコールなど
イオン半径の小さいアニオンほど、強く溶媒和されて反応性を失う。

B　非プロトン性溶媒
H^+ を放出しない溶媒：エーテル、炭化水素
アニオンは溶媒和されず、本来の性質を示す。

C　ルイス塩基溶媒
非共有電子対を持つ溶媒：CH_3CN、$(CH_3)_2SO$
カチオンを溶媒和するため、アニオンはカチオンに束縛されず、自由に挙動する。

D　ルイス酸溶媒
空軌道を持つ溶媒：SO_2、$SbCl_3$
アニオンを溶媒和するのでカチオンが自由になる。

最近は、高温高圧状態の超臨界溶媒が注目されている。例えば水を218気圧、374℃以上にすると、液体と超臨界水となるが、これは液体の水と、水蒸気の中間のような特殊状態の水である。超臨界水は有機物を溶かすことができ、また酸化作用がある。

超臨界水を有機化学反応の溶媒として用いれば、反応廃棄物（廃溶媒）が無くなり、環境に優しい有機化学反応となる。また、公害物質として知られているPCBも効率的に分解されることがわかった。

超臨界溶媒としては、二酸化炭素を用いた超臨界二酸化炭素も注目されている。

演習問題

4.1 求核反応と求電子反応の違いを説明せよ。

4.2 一分子反応と二分子反応の違いを説明せよ。

4.3 遷移状態と中間体のうち、単離できるのはどちらか？

4.4 S_N1 反応の全段階について、そのエネルギー変化をグラフで示せ。

4.5 律速段階とは何か。

4.6 sp^3 陽イオンより sp^2 陽イオンが安定な理由を説明せよ。

4.7 塩化シクロプロパンの置換反応はもっぱら S_N1 反応で進行する。理由を説明せよ。

4.8 塩化シクロプロパンの陽イオンは平面構造ではない。その理由を説明せよ。

4.9 S_N2 反応における試薬の置換基効果の予測をハメットプロットで示せ。

4.10 求核置換反応の溶媒に使った含水アルコールの水分量を増やしたところ、反応速度が速くなった。この反応は S_N1 か S_N2 かを判定せよ。

第5章　脱離反応

　大きな分子から小さな分子が取れる反応を一般に脱離反応という。小さな分子が取れた跡は二重結合や三重結合などの不飽和結合になることが多いが、環状化合物が生じることもある。また2個の分子の間から1個の分子が取れて、2個の分子が結合することもあるが、このような反応は特に縮合反応といわれる。脱離反応には一分子的に進行する一分子脱離反応と、二分子が衝突することによって進行する二分子脱離反応がある。

5・1　E1反応

　脱離反応（elimination reaction）には、律速段階が一分子的に進行するものと、二分子的に進行するものがある。前者を一分子脱離反応（E1反応）といい、後者を二分子脱離反応（E2反応）という。

5・1・1　反応機構

　一分子脱離反応（E1反応）は二段階で進行する（**図5・1**）。一段階目は出発分子 **1** から脱離基 X が陰イオン X^- として脱離する段階で一分子反応である。次いで生成した陽イオン **2** に求核試薬 B^- が攻撃して脱離基 Y を Y^+ として脱離させて最終生成物 **3** が生じる。この反応は陽イオン **2** と B^- による二分子反応である[*1]。

　反応の律速段階は一分子反応の一段階目なので、この反応を一分子脱離反応というのである。

　なお、求核試薬 B^- は陰イオン、あるいは非共有電子対を持った分子である。いずれも H^+ を受け取る能力があるので塩基（base）である。そのため、B^- の記号で表されることが多い。

[*1]　E1反応と S_N1 反応の第一段階、すなわち中間に生じるイオン中間体は等しい。
したがって、反応が E1 になるか S_N1 になるかは反応条件によって決まる（5・5節参照）。

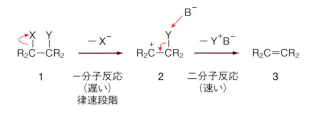

図5・1　E1反応の反応機構

5・1・2　立体化学

　図5・2を見てみよう。出発物質を **4** とした場合、生成物にはシス体の **5** とトランス体の **6** が生じる可能性がある。このような二種類の生成物

*2 σ結合の回転によって生じる異性体。
エタンの場合には安定なねじれ形と不安定な重なり形がある。

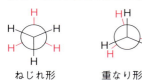

ねじれ形　　重なり形

が生じるのは、中間体陽イオン **7** において結合回転が起こるからである。**7a** から生じるのが **5** であり、その回転異性体[*2] **7b** から生じるのが **6** である。

このように、シス体とトランス体が生じる可能性のある反応では、多くの場合、立体反発の少ないトランス体が主生成物となる。

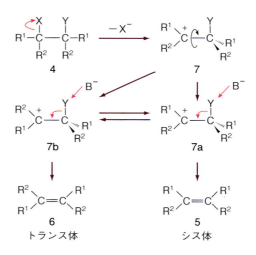

図5・2　E1反応の生成物

5・2　E2反応

E2反応は二分子反応であり、一段階で進行する反応である。

5・2・1　反応機構

E2反応の反応機構は**図5・3**のように進行する。求核試薬 B⁻ が脱離基 Y を攻撃する。すると C–Y 間の σ 結合電子対が C–C 間に移動し、それに追い出されるように脱離基 X が電子対を持って X⁻ として脱離するというものである。C–C 間に移動した電子対は π 電子となり、C–C 間に π 結合を形成する。

図5・3　E2反応の反応機構

5・2・2　立体化学

出発分子 **4** を反応させた場合、先に見た E1 反応では **5** と **6** の二種の生成物が生じた。しかし E2 反応では 1 種類の生成物、**6** しか生じない

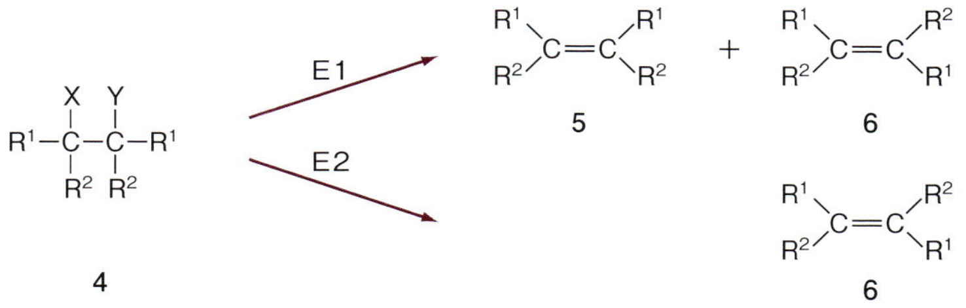

図 5・4　E1 反応生成物と E2 反応生成物

(**図 5・4**)。それは次の事実による。

すなわち、**4** を立体的に描くと **4a** とその回転異性体 **4b** になる (**図 5・5**)。**4a** で反応が起きれば生成物はシス体の **5** となり、**4b** で起きればトランス体 **6** となる。生成物が **6** のみであるということは、反応はもっぱら **4b** だけから起きていることを示すものである。それは何故なのだろうか。

5・2・3　シン脱離とアンチ脱離

図 5・5 は、**4a**、**4b** の立体化学を表したものである。**4a** のように、脱離する 2 個の置換基 X、Y が同じ側にある配置を**シンペリプラナー** (**シン配置**)、反対側にある **4b** を**アンチペリプラナー** (**アンチ配置**) という。

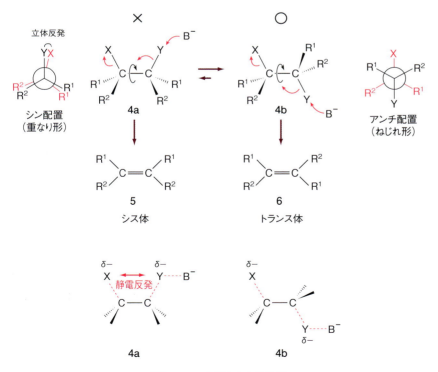

図 5・5　E2 反応の立体化学

ニューマン投影式を見ると、シン配置では置換基が重なった重なり形であり、立体反発のために不安定であることがわかる。そのため、反応はねじれ形で立体反発の少ない **4b** を経由して起こるのである。

また、反応が進行すると B^- の結合によって結合 Y–C、C–X の電子密度が大きくなり、そのための静電反発も加わってシン形はさらに高エネルギーになる（図5・5下）。

5・3　ザイツェフ則・ホフマン則

E1反応において、脱離反応の可能な部位が2か所あることがある。このように、可能性が複数個ある場合、実際の反応はそのどれかが優先して起こることが多い。これを反応の選択性という。

5・3・1　ザイツェフ則

出発物が **1** の場合、X が脱離した後に脱離する水素として、H_A と H_B の2個が考えられる（**図5・6**）。H_A が脱離すれば生成物が **3** となり、H_B が脱離すれば **4** となる。**3** は二重結合の周りに置換基（メチル基）を3個持っている。それに対して **4** は2個（メチル基とエチル基）である。

実際に、B^- としてメトキシ陰イオン（CH_3O^-）を用いて反応を行うと、ほぼ7：3の比で **3** が優勢に生成する。これは、一般にアルケンでは、二重結合周りに置換基の多いものほどエネルギー的に有利（安定）であるという事実に対応するものである[*3]。

このように、選択性がエネルギー的な安定性に従うこと、すなわち二重結合周りの置換基が多いものが優先して生成することを、発見者の名前をとって**ザイツェフ則**という。

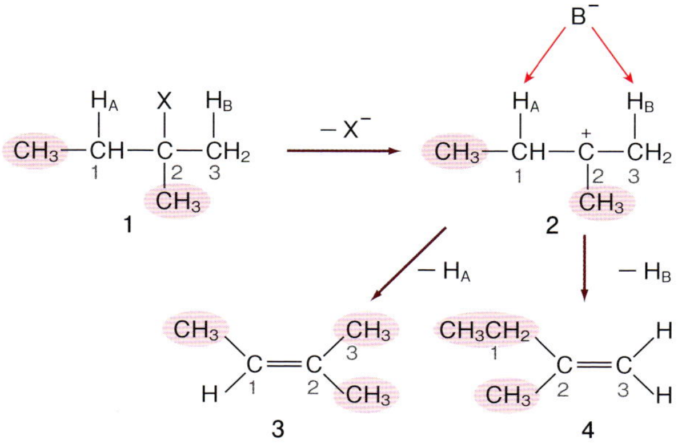

*3

$$CH_3-CH_2-\underset{\underset{CH_3}{|}}{\overset{\overset{X}{|}}{C}}-CH_3$$

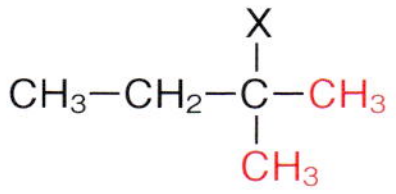

図5・6の分子 **1** の、2個のメチル基（色で示したもの）は等価である。したがってこの両メチル基の H はどちらも図5・6、図5・7の H_B に相当する。

図5・6　ザイツェフ則に従う E1 反応

生成比（ 7 ： 3 ）

表5・1 塩基の違いによるE1反応生成比

塩基 B⁻	生成比	
	生成物 3	生成物 4
CH_3O^-	7	:	3
$CH_3-\underset{\underset{CH_3}{\mid}}{\overset{\overset{CH_3}{\mid}}{C}}-O^-$	3	:	7

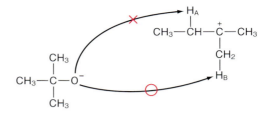

図5・7 ホフマン則に従うE1反応

5・3・2 ホフマン則

前項で、**1**の脱離反応では置換基の多い**3**が主生成物として生成することを見た。ところが実は、この比は、用いる塩基 B⁻ の種類によって変化するのである。

表5・1は塩基による生成物の違いを表すものである。MeO⁻ を用いたときには7：3の比で**3**が有利であるが、Me₃CO⁻ を用いると比は逆転して**4**が有利となっている[*4]。

これは塩基の体積による影響である。出発物**1**の H_A と H_B を見ると、H_B は分子の端にあり、いわばむき出しになっている。それに対して H_A では隣にメチル基があり、いわば H_A をガードしている。すなわち、体積の小さい MeO⁻ ならば、H_A、H_B、どちらでも平等に攻撃できる。したがって、安定な生成物を与えるように H_A を攻撃することになる。ところが、体積の大きい Me₃CO⁻ の場合には、ガードされた H_A を攻撃するのは困難であり、そのため、H_B を優先的に攻撃することになるのである（**図5・7**）[*5]。

このように、生成物の比がザイツェフ則と逆になる法則を、発見者の名前をとって**ホフマン則**という。

[*4] 記号 Me はメチル基 –CH_3、Et はエチル基 –CH_2CH_3、Ph はフェニル基 を指す。

[*5] 狭い隙間に隠れたネズミを、小さいネコは捕ることができるが、大きいネコは捕ることができないのと同じ原理である。

5・4 その他の脱離反応

5・4・1 分子間脱離反応

2個の分子の間で、片方から X、もう片方から Y が脱離する反応である。残った分子種は互いに結合して新しい分子ができる。これは2個の分子が互いに短縮して合体する反応なので**縮合反応**と呼ばれることがある。エステル、エーテル、アミドの結合などがよく知られている（**図5・8**）。

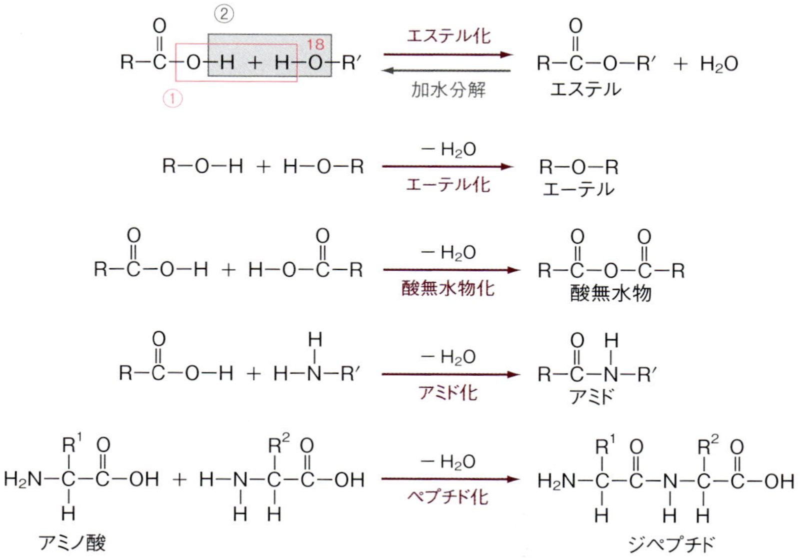

$$R-\overset{O}{\underset{}{C}}-O\boxed{-H + H-}O-R' \underset{\text{加水分解}}{\overset{\text{エステル化}}{\rightleftarrows}} R-\overset{O}{\underset{}{C}}-O-R' + H_2O$$
エステル

$$R-O-H + H-O-R \xrightarrow[\text{エーテル化}]{-H_2O} R-O-R$$
エーテル

$$R-\overset{O}{\underset{}{C}}-O-H + H-O-\overset{O}{\underset{}{C}}-R \xrightarrow[\text{酸無水物化}]{-H_2O} R-\overset{O}{\underset{}{C}}-O-\overset{O}{\underset{}{C}}-R$$
酸無水物

$$R-\overset{O}{\underset{}{C}}-O-H + H-\overset{H}{\underset{}{N}}-R' \xrightarrow[\text{アミド化}]{-H_2O} R-\overset{O}{\underset{}{C}}-\overset{H}{\underset{}{N}}-R'$$
アミド

アミノ酸 + アミノ酸 →(ペプチド化, $-H_2O$)→ ジペプチド

図5・8 分子間脱離反応

A エステル化反応

カルボン酸とアルコールの間で水が脱離すると**エステル**が生成する。この反応を**エステル化**という。このように水が脱離する反応を一般に**脱水反応**、二分子間で脱水が起こる反応を**脱水縮合反応**という（図5・8の反応は全て脱水縮合反応である）。反対にエステルに水を作用させるとカルボン酸とアルコールに分解する。この反応を**エステルの加水分解**という。

B エステル化反応の反応機構

エステル化では、脱水する水の生成に二通りの反応機構が考えられる。一つは①OHがカルボン酸から来るものであり、もう一つは②OHがアルコールから来るものである。

これを区別する方法の一つは、アルコールのOHに、酸素の同位体 ^{18}O を用いて ^{18}OH とする方法である。もし反応機構が①ならば、水は H_2O となり、分子量は18である。しかし②ならば $H_2{}^{18}O$ となり、分子量は20となる。したがって、生成した水の分子量を測れば反応機構は決定できることになる[*6]。

実験を行ったところ、反応は機構①で進行していることが明らかになった。

*6 分子の分子量は、質量スペクトル測定装置という機器（高価、一台数億円）を用いて簡単に測定することができる。

C エーテル化

2個のアルコールの間で脱水するとエーテルが生成する。

D 酸無水物化

2個のカルボン酸の間で脱水すると酸無水物が生成する。典型的な例は酢酸2分子間で脱水した無水酢酸である。また、酢酸は低温で結晶となるので氷酢酸（融点 16.7℃）と呼ばれることがある[*7]。

*7 酢酸（氷酢酸）と無水酢酸は互いに異なる分子である。しかし、アルコール（エタノール）と無水アルコール（無水エタノール）は、同一の分子である（本章コラム参照）。

E アミド化

カルボン酸とアミンの間で脱水縮合すると**アミド**を与え、この反応を**アミド化**と呼ぶ。アミド化の中でも、アミノ酸の間の脱水縮合反応は特に**ペプチド化**と呼ばれ、生成物は**ジペプチド**と呼ばれる。

5・4・2 環化反応

一分子内の隣接位以外の間で脱離反応が起きると環状化合物が生成する。このようなものに環状エーテル、環状エステル（ラクトン）、環状アミド（ラクタム）などがある（**図 5・9**）。

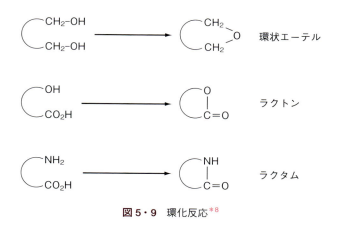

図 5・9 環化反応[*8]

*8
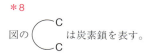
図の は炭素鎖を表す。

5・4・3 1,1-脱離反応

X、Y が同じ炭素に結合しているもので特殊な例である。脱離した跡の炭素に結合する置換基は2個に減り、代わりに2個の不対電子が残る。このような分子種は一般に**カルベン**と呼ばれ、大変に不安定で高い反応性をもつ（**図 5・10**）[*9]。

*9 カルベンの特徴的な反応に三員環生成反応がある。

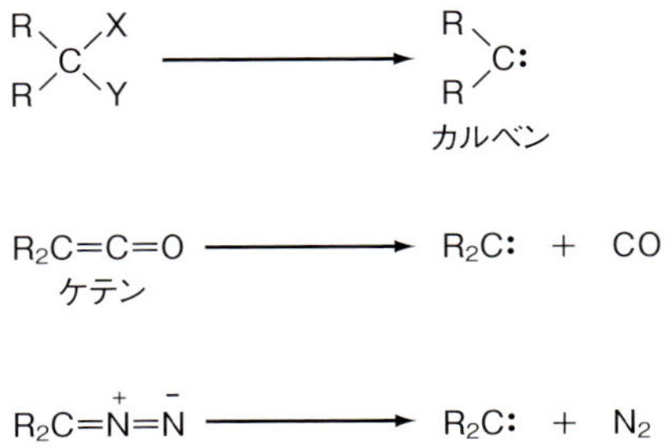

$$\underset{\text{R}}{\overset{\text{R}}{\diagdown}}\text{C}\underset{\text{Y}}{\overset{\text{X}}{\diagup}} \longrightarrow \underset{\text{R}}{\overset{\text{R}}{\diagdown}}\text{C:}$$
カルベン

$$R_2C=C=O \longrightarrow R_2C: + CO$$
ケテン

$$R_2C=\overset{+}{N}=\overset{-}{N} \longrightarrow R_2C: + N_2$$

図 5・10 1,1-脱離反応

5・5 脱離反応と置換反応

脱離反応と置換反応は似ているところがある (**図 5・11**)。分子 **1** は、S_N1 反応と E1 反応を起こすことができ、それぞれの生成物は **2** と **3** である。しかしこれらの反応は、同じ中間体陽イオン **4** を経由して進行する。それでは、**4** はどのような場合に S_N1 反応へ進行し、どのような場合に E1 反応に進行するのだろうか。

　S_N2 反応と E2 反応も同様である (**図 5・12**)。分子 **5** は S_N2 で **6** を与え、E2 で **7** を与える。

<S_N1 と E1>

$$CH_3-\underset{CH_3}{\overset{CH_3}{\underset{|}{\overset{|}{C}}}}-Cl \xrightarrow[C_2H_5OH]{H_2O} CH_3-\underset{CH_3}{\overset{CH_3}{\underset{|}{\overset{|}{C}}}}-OH + \underset{H}{\overset{H}{\diagdown}}C=C\underset{CH_3}{\overset{CH_3}{\diagup}}$$

1　　　　　　　　　　　　　　2　　　　　　　　3
S_N1 (64%)　　E1 (36%)

中間体: $CH_3-\underset{CH_3}{\overset{CH_3}{\underset{|}{\overset{|}{\overset{+}{C}}}}}$ 　**4**

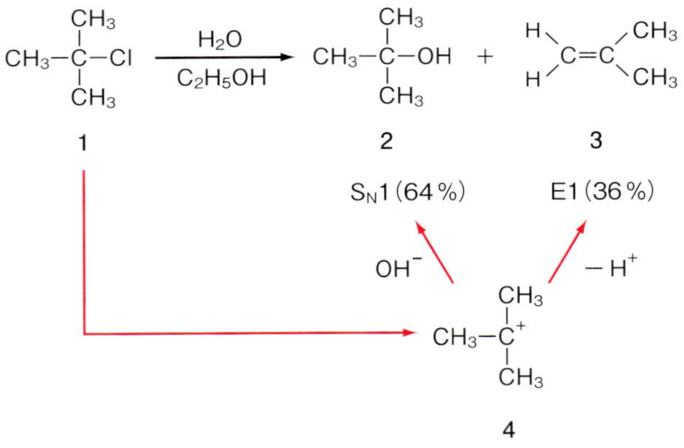

図 5・11 S_N1 と E1 の競争

<S_N2 と E2>

$$CH_3-\underset{CH_3}{\overset{H}{\underset{|}{\overset{|}{C}}}}-Br \xrightarrow{C_2H_5ONa} CH_3-\underset{CH_3}{\overset{H}{\underset{|}{\overset{|}{C}}}}-OC_2H_5 + \underset{H}{\overset{H}{\diagdown}}C=C\underset{CH_3}{\overset{H}{\diagup}}$$

5　　　　　　　　　　　　　6　　　　　　　　　7
S_N2 (21%)　　E2 (79%)

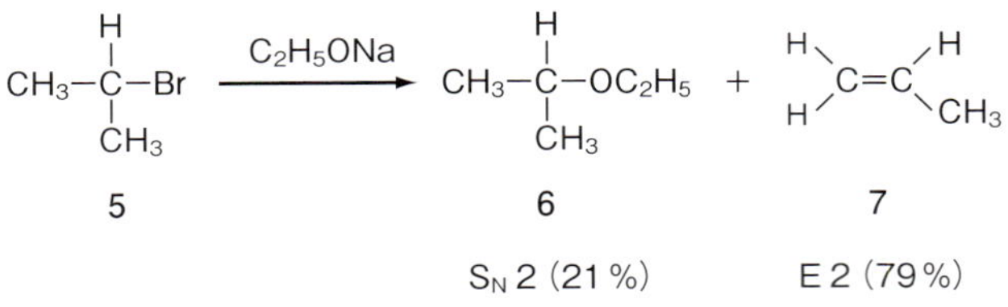

図 5・12 S_N2 と E2 の競争

表 5・2 脱離反応と置換反応の反応性

ハロゲン化物		一分子反応		二分子反応	
		S_N1	E1	S_N2	E2
酸性条件	RCH_2-X	×	×	○	×
	R_2CH-X	△	×	△	×
	R_3C-X	○	○	×	×
塩基性条件	RCH_2-X	×	×	○	△
	R_2CH-X	△	×	△	○
	R_3C-X	×	○	×	○

　反応の経路を決定する要素はいろいろあるが、主なものに ① 出発物の構造、② 反応条件がある。**表 5・2** は、これらの条件変化の下でどのような反応経路が選択されるかをまとめたものである[*10]。

　表から、おおむね次のような傾向を見ることができる。
① 酸性条件下では置換反応が起こりやすく、塩基性条件下では脱離反応が起こりやすい。
② 第一級ハロゲン化物では一分子反応は起こりにくい。

[*10] 例えば酸性条件の下で R_3C-X に一分子反応を行わせても、S_N1 になったり、E1 になったりする。この違いは R の構造に基づくものである。このように有機反応は多くの条件によって複雑に影響される。

Column　無 水 物

　有機化学では"無水物"という言葉が出てくる。しかし、この"無水"という言葉にはいろいろな意味があるから注意が必要である。

　本章でも「酸"無水"物」が出てきた（5・4・1 項）。この場合の"無水"は 2 個のカルボン酸分子の間で水分子 H_2O が除かれたという意味であった。

$$2\,RCOOH \rightarrow (RCO)_2O + H_2O$$

　このような反応は一般に脱水反応、あるいは脱水縮合反応といわれる。

　CD の洗浄や消毒などに使われる液体に「"無水"アルコール」がある。これは一般にいうアルコール、すなわちエタノール CH_3CH_2OH から水 H_2O を除いたものである。しかし、この場合の「水を除く」という意味は、酸無水物の場合の「水を除く」とは全く別の意味で使われている。

　すなわち、エタノールは水とどのような割合でも混ざるため、多くの場合、少量の水を不純物として含んでいる。「無水アルコール」というのは、不純物としての水を含まない、純粋に近いエタノールという意味である。

　含水エタノール → 無水エタノール + H_2O

　したがって、無水アルコールはエタノールそのものであり、分子構造に変化はない。

　有機化学反応では、系内に水が入ると反応が進行しない、あるいは別の反応が進行してしまうことがある。このような場合には、不純物としての水を極力除いた溶媒を用いる。このような溶媒を無水溶媒、あるいは乾燥溶媒という。無水エタノールもこのような無水溶媒の一種である。

　乾燥溶媒は市販のものを用いる場合もあるが、実験室で作る場合も多い。先輩に「その溶媒を乾燥してチョウダイ」といわれても、溶媒を蒸発させろ、ということではないので注意が必要である。溶媒の中に乾燥剤（塩化カルシウム $CaCl_2$、五酸化二リン P_2O_5、金属ナトリウム Na、あるいはモレキュラーシーブなど）を入れて、不純物としての水を除け、ということである。

演習問題

5.1 次の脱離反応の生成物を構造式で書け。

A　$CH_3CH_2CH_2-NH_2 \xrightarrow{-NH_3}$

B　$C_6H_5-CH_2-CH_2-Cl \xrightarrow{-HCl}$

C　$CH_3-CH_2-\overset{O}{\underset{\|}{C}}-OH + C_6H_5-OH \xrightarrow{-H_2O}$

D　$2\ C_6H_5-\overset{O}{\underset{\|}{C}}-OH \xrightarrow{-H_2O}$

5.2 E1反応とE2反応の違いを述べよ。

5.3 以下の化合物のXY脱離反応で生成物が二種類生じる理由を述べよ。また、多くの場合、トランス体が主生成物となる理由を述べよ。

$$R^1-\underset{\underset{X}{|}}{\overset{\overset{R^2}{|}}{C}}-\underset{\underset{Y}{|}}{\overset{\overset{R^2}{|}}{C}}-R^1$$

5.4 以下の化合物のXY脱離反応で生成物が一種類しか生じない理由を述べよ。

$$R-\underset{\underset{X}{|}}{\overset{\overset{R}{|}}{C}}-\underset{\underset{Y}{|}}{\overset{\overset{R}{|}}{C}}-R$$

5.5 シン脱離、アンチ脱離とは何か説明せよ。

5.6 E2反応でアンチ脱離が有利となる理由を述べよ。

5.7 ザイツェフ則とは何か説明せよ。

5.8 ホフマン則とは何か説明せよ。

5.9 二種のアルコール R-OH と R′-OH の間で脱水縮合反応が起こった場合の生成物の構造を書け。

5.10 エステル化ではなぜカルボン酸のOH原子団が脱離するのか。その理由を述べよ。

第6章 付加反応

不飽和結合に分子が結合する反応を一般に付加反応という。三重結合に付加すれば生成物は二重結合となり、二重結合に付加すれば単結合となる。生成物がシス体に限定される付加反応をシス付加反応、反対にトランス体に限定される反応をトランス付加反応という。金属触媒存在下で水素が付加する反応は接触還元反応と呼ばれる。また、2個の不飽和化合物が付加して環状化合物を与える反応は環状付加反応と呼ばれる。

6・1 シス付加反応

二重結合に分子 AB が付加する場合、A、B がともに二重結合の同じ側に付く場合と、互いに反対側に付く場合がある。前者を**シス付加**、後者を**トランス付加**という（図6・1）。

シス付加の典型的な例に、金属触媒存在下での水素付加、接触還元反応がある[*1]。この付加反応においては金属触媒の存在が必須条件であり、触媒は単に反応速度を速めるだけでなく、本来は起こらない反応を起こさせるという、決定的に重要な役割を演じている。

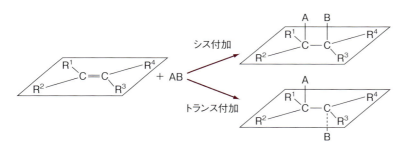

図6・1 シス付加とトランス付加

*1 アルカン、アルケン、アルキンを構成する炭素の酸化数を計算すると次のようになる。

H_3C-CH_3 -3 ↑還元された
$H_2C=CH_2$ -2
$HC\equiv CH$ -1 ↓酸化された

すなわち、化合物に H が付加することは、その化合物が還元されたことを意味する。そのため、水素付加反応を"還元反応"というのである。

6・1・1 金属触媒

金属の触媒作用がどのような機構によって起こるものかを見てみよう。簡単のために、金属原子を球と仮定し、金属結晶を球の積み重なったものとして考えよう。

結晶の内部にある金属原子は、前後左右上下、合計6個の原子に囲まれている[*2]。これは6個の原子と結合していることに相当する。ところが、結晶表面にある原子は5個の他原子に囲まれているだけであり、余った結合手を結晶表面に出している。結晶の隅の原子は3本の結合手を余らせている（図6・2）。

このように、金属結晶の表面には結合していない結合手がたくさん存在し、結合する相手を探している。

*2 ここでは簡単のため金属結晶をこのようなモデルを用いて考えているが、実際の金属結晶はこれとは異なる。

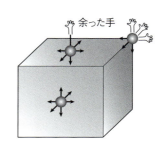

図6・2 金属結晶の表面

6・1・2 反応機構

このような状態の金属結晶表面に水素分子が近づくと、金属の結合手は水素分子と弱い結合を形成する。この結果、水素分子に元々あった共有結合は弱まり、水素分子は不安定で反応しやすい状態となる。このような水素を特に**活性水素**という（**図6・3**）。

すなわち、接触還元反応は活性水素による反応であり、活性水素を作るためには金属触媒が必要なのである。金属には白金 Pt、パラジウム Pd などが用いられ、表面積を大きくするため、活性炭素の表面にコーティングして用いる。このような触媒を特に白金黒、パラジウム黒という[*3]。

金属結晶表面に吸着された活性水素の周辺にアルケンが来ると、活性水素はアルケンを攻撃して付加するが、この場合、吸着された状態の水素分子は、アルケンの同じ側から攻撃することになる。したがってシス付加となるのである。

*3 この反応は金属触媒がないと進行しない。その意味で"触媒は反応速度を速めるもの"という定義を逸脱しているといえる。
このように、現代では触媒の機能は非常に広範かつ強力になっている。

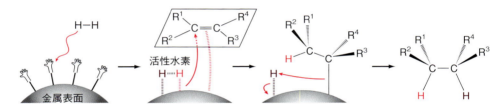

図6・3 金属触媒を用いる水素付加

6・2 トランス付加反応

二重結合に臭素が付加する反応は**トランス付加**である。この反応ではまず、臭素分子が分解して臭素陽イオン Br^+ と臭素陰イオン（臭化物イオン）Br^- になる。付加反応は二段階で進行する。

6・2・1 Br^+ の攻撃

二重結合には π 電子が存在し、電子が豊富である。付加反応はこの π 電子との反応になるため、二重結合に最初に反応するのは Br^+ である[*4]。Br^+ は電子の入っていない、すなわち空軌道の 4p 軌道を持っている（**図6・4**）。Br^+ は二重結合に反応するが、このとき、自身の空軌道を、二重結合を構成する炭素の 2 個の p 軌道に橋渡しをするように結合する（**図6・5**）。

このイオンを特にブロモニウムイオンというが、一般にハロゲン元素はこのようなイオンを作る傾向があり、それを**ハロニウムイオン**と呼ぶ。このイオンは簡単化のため、一般に図6・5右上図のような三角形のイオ

*4 このようにカチオンが付加する反応を求電子付加という。

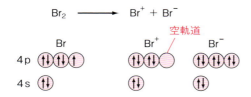

図 6・4 Br^+ と Br^- の生成

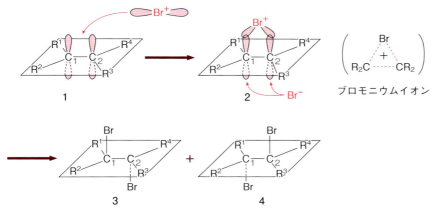

図 6・5 アルケンの臭素化

ンとして表されることが多い。

6・2・2 Br^- の攻撃

このブロモニウムイオンに次の Br^- が攻撃するときには、先の Br^+ によって塞がれている面を避けて反対側から攻撃せざるを得ない。この結果、反応はトランス付加となるのである。ただし、Br^- が 2 個の二重結合炭素 C^1、C^2 のどちらを攻撃するかによって、2 種の生成物 3、4 が生成する可能性がある[*5]（図 6・5）。

[*5] 生成物 3 と 4 は鏡像異性体の関係にある。

6・2・3 フェノニウムイオン

ハロニウムイオンに似た構造のイオンに**フェノニウムイオン**がある（図 6・6）。これは分子 1 から脱離基 X が陰イオン X^- として外れることによって生じるものである。生じた陽イオンは 2 であるが、フェニル基の p 軌道が陽イオン炭素の空 p 軌道に結合してフェノニウムイオン 3 となる。ここで結合 a が切れれば 2 に戻るが、結合 b が切れると 4 となる。すなわち、イオンは構造 2、3、4 の平衡混合物となる[*6]。

これは、1 に S_N1 反応が起こった場合、生成物として 5、6 の二種類が生じることを意味するものである。

[*6] ベンゼンのイプソ位（置換基に結合した位置）の炭素は、2, 4 の sp^2 混成から sp^3 混成（3）に変化している。

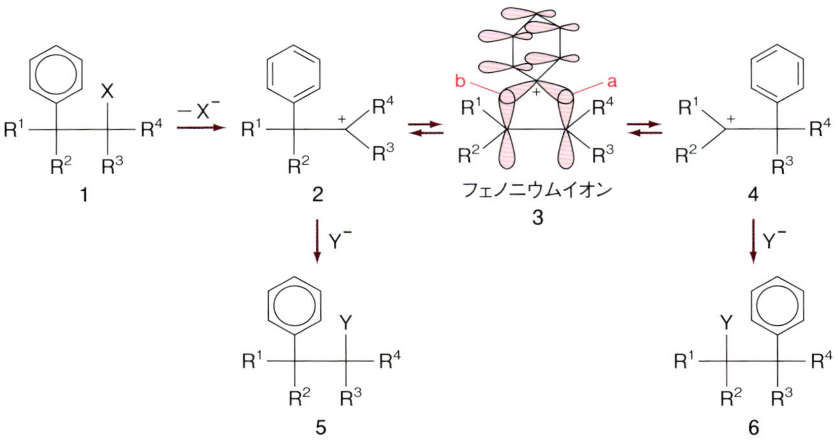

図6・6 フェノニウムイオンの S_N1 反応

6・3 非対称付加反応

非対称な二重結合に非対称な分子が付加する場合には、2種類の生成物の可能性が出てくる。

6・3・1 反応機構

非対称アルケンである **1** に臭化水素 HBr が付加する反応を考えてみよう（**図6・7**）。この反応の生成物は **2** と **3** であるが、選択性が働き、主生成物は **2** である。

反応は HBr から生じた H^+ の求電子付加によって始まる。生成する中間体は陽イオンであるが、2種類の可能性がある。すなわち、2個の二重結合炭素のうち、置換基の少ない炭素 C^1 に H^+ が付いた **4** と、置換基の多い C^2 に付いた **5** である。**4** から生じる最終生成物は **2** であり、**5** から生じるのは **3** である。

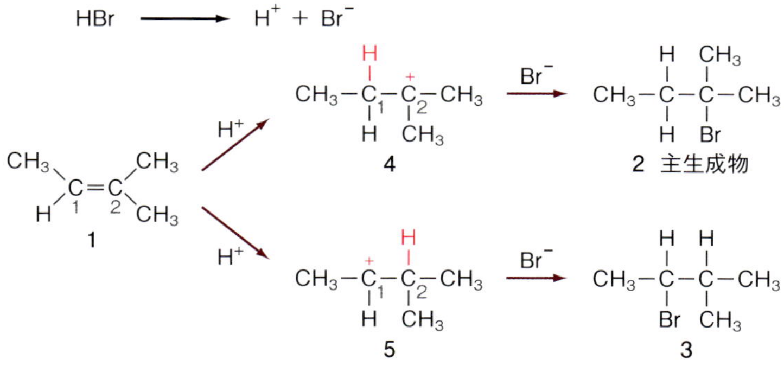

図6・7 非対称アルケンの HBr 付加反応

6・3・2　マルコフニコフ則

主生成物が **2** であるということは、2 種の中間体陽イオンのうち、**4** が多量に生成することを意味する。

イオンの構造を見てみよう。**4** では、陽イオン炭素に 3 個のアルキル基（2 個のメチル基と 1 個のエチル基）が付いている。それに対して **5** では 2 個（メチル基とイソプロピル基）しか付いていない。

アルキル基は電子供与性置換基なので、アルキル基がたくさん付いた陽イオン **4** の方が **5** より安定であることを考えれば、**4** が主生成中間体となり、**2** が主生成物となることは明らかである。

このように、HX の付加反応で、置換基の少ない二重結合炭素に H^+ が結合することを、発見者の名前をとって**マルコフニコフ則**という[*7]。

*7　キーポイントはメチル基の電子供与性である。C^+ にできるだけ多くのメチル基が結合するようにすることである。

6・4　共役系の付加反応

共役二重結合に付加反応が起こると新たな問題が生じる。

6・4・1　1,2- 付加反応と 1,4- 付加反応

共役化合物であるブタジエン **1** に分子 A_2 が付加する場合には、二種類の付加体、**2**、**3** が生成する（**図 6・8**）。**2** は 1 位と 2 位の炭素に付加しているので 1,2-付加体、**3** は 1 位と 4 位の炭素に付加しているので 1,4-付加体と呼ばれ、それぞれの反応を 1,2-付加反応、1,4-付加反応と呼ぶ。

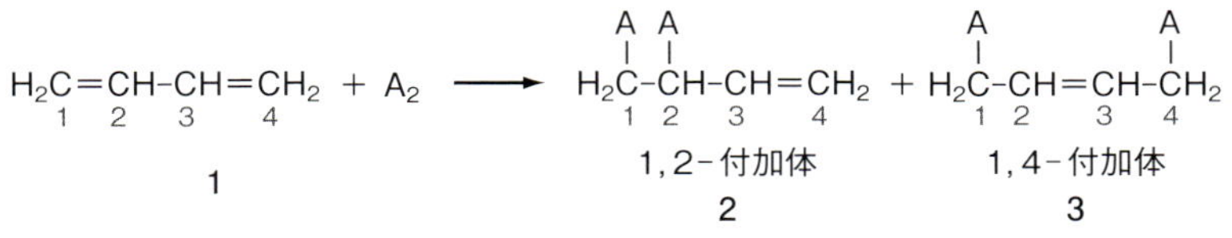
H2C=CH-CH=CH2 + A2
1 2 3 4
1
A A
H2C-CH-CH=CH2
1 2 3 4
1,2-付加体
2
A A
H2C-CH=CH-CH2
1 2 3 4
1,4-付加体
3

図 6・8　1,2-付加体と 1,4-付加体

1 にハロゲン化水素 HX が付加する場合には、生成物は **4** と **5** になり、**6** は生成しない（**図 6・9**）。これは中間に生じる陽イオン中間体の安定性によるものである。すなわち、一段階目に付加する H^+ が 1 位に付加するとアリル型陽イオン **7**、**8** となるが、2 位に付くと第一級陽イオン **9** となる。

アリル型陽イオンでは二重結合の π 電子が非局在化することができるので安定であるが、第一級陽イオンには如何なる安定化作用も存在しない。このため、アリル型陽イオンを経由する **4**、**5** だけが生成するのである。

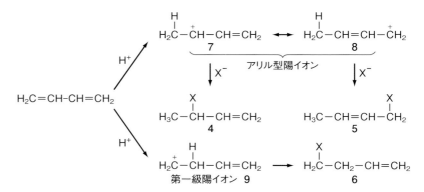

図6・9 共役ジエンへのハロゲン化水素付加

6・4・2 環状付加反応

環状付加反応にはいろいろな種類があるが、よく知られたものに**ディールズ-アルダー反応**がある。これはブタジエン誘導体とエチレン誘導体が環状付加してシクロヘキセン誘導体を与えるものである。

A 立体化学

この反応で問題になるのは、生成物の立体化学である。シクロペンタジエン**1**と無水マレイン酸**2**の反応では、生成物の平面構造は**3**となる（**図6・10**）。しかし、**3**の立体構造に注意すると二種類の生成物、すなわちエンド体**4**とエキソ体**5**が生成する可能性がある（**図6・11**）。

実際に両方が生成するが、主生成物となるのはエンド体**4**である。立体反発を比べると、エンド体の方が大きく、したがって不安定なはずである。にもかかわらずエンド体が有利になるのは何故だろうか。

B 二次軌道相互作用

図6・11は、エンド体を与える遷移状態**6**、エキソ体を与える遷移状態**7**の構造である。エキソ体遷移状態では**1**と**2**のp軌道の間に太い色点

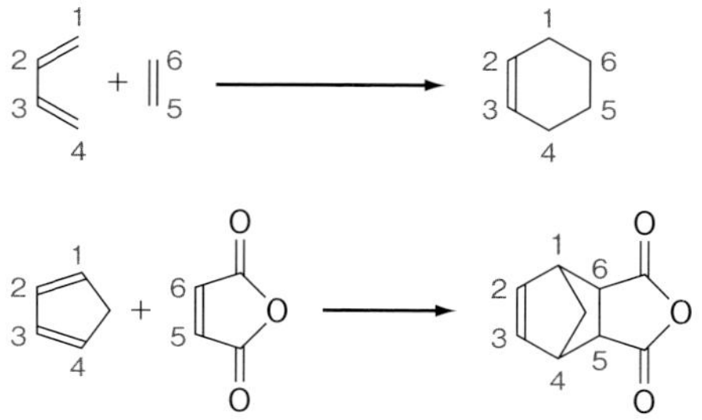

図6・10 ディールズ-アルダー反応

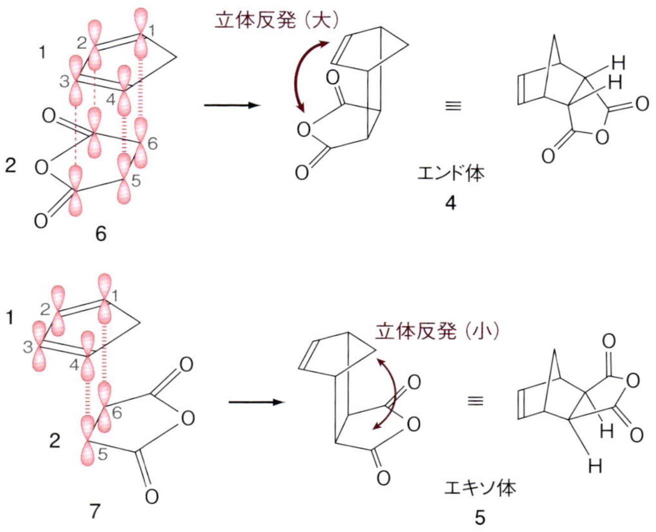

図 6・11 ディールズ−アルダー反応の遷移状態

線で書いた相互作用があり、それは生成物において実際の結合に成長しているものである。このような作用を**一次軌道相互作用**という。

それに対し、エンド体遷移状態では太い色点線の相互作用の他に細い色点線で表した相互作用がある。これは最終的には消滅してしまって結合にはならない相互作用であり、**二次軌道相互作用**と呼ばれる。

しかし、遷移状態においてこの二次軌道相互作用は重要な役割を果たす。すなわち、この相互作用は共役系の存在を表すものである。つまり、エンド体遷移状態では共役系の伸長があり、それが安定化につながる。そのため、エンド体が主生成物となるのである[*8]。

6・5 酸化・還元反応

簡単にいえば、有機化学において酸化されるとは酸素と結合(付加)することであり、還元されるとは水素と結合(付加)することである[*9]。

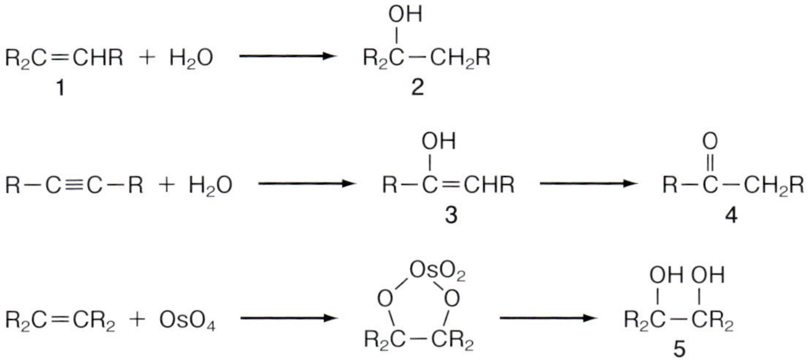

図 6・12 二重結合の酸化反応

[*8] この問題を明快にかつ単純に解明したのが、ウッドワード−ホフマン則(第12章コラム参照)であった。これを機に、有機化学でも分子軌道的思考を取り入れるようになった。

[*9] 簡単な炭化水素におけるCの平均酸化数は、p.45の側注1を参照。

このように単純化すると、酸化還元反応は付加反応の一種として見ることもできる。先に見た金属触媒による水素付加反応が接触"還元"反応と呼ばれるのも、このような分類によるものである。

二重結合の酸化反応は有機化学において重要なものである。この反応は実際には二重結合にヒドロキシ基 OH が導入される反応である。いくつかの例を見てみよう (**図6・12**)。

○ アルケンと水の付加反応

アルケンと水の付加反応では 1 個のヒドロキシ基が導入され、アルコールが生成する。非対称アルケン **1** との反応ではマルコフニコフ則に

Column　単量体・多量体

分子の中には 1 個で存在せずに、何個かで集団を作って存在するものがある。

水は液体中では、何個もの分子が集合して一大集団を作っている。これを会合体、クラスターという。水分子が集団を作るのは、正に荷電した水素原子と、負に荷電した酸素原子の間に、静電引力に基づく水素結合ができるからである。

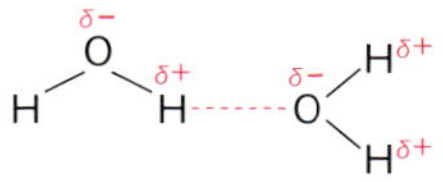

安息香酸は、溶液中では図のように 2 分子が水素結合してあたかも一個の分子のようにして存在する。このようなものを一般に二量体、ダイマーという。それに対して、1 個で独立して存在する分子を単量体、モノマーという。

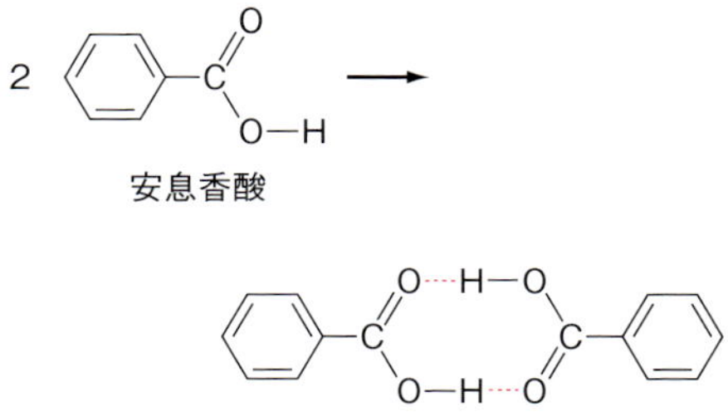

シクロペンタジエンは 2 個がディールス-アルダー反応して二量体として存在する。そのため、単量体が欲しいときには二量体を熱分解しなければならないが、室温で放置すると、また二量体になる。

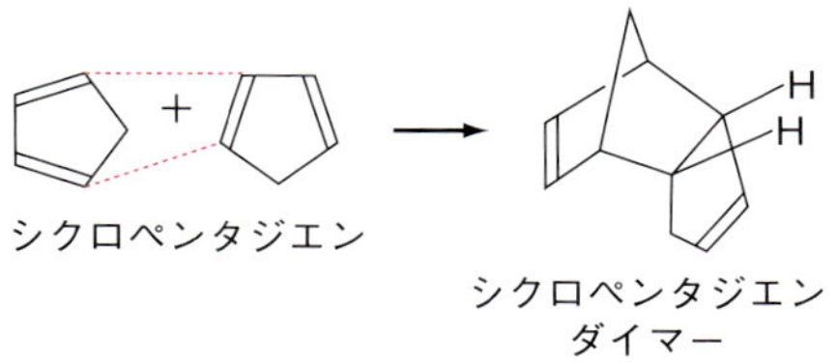

同様に 3 個集合したものは三量体、トリマーであり、適当な複数個が結合したものはオリゴマーと呼ばれる。グルコースが 6〜8 個程度環状に結合したシクロデキストリンは典型的なオリゴマーである。

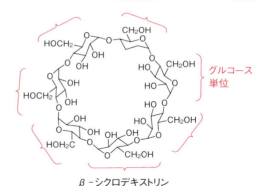

β-シクロデキストリン

さらに、モノスゴクたくさんの分子が結合したものは多量体、ポリマーと呼ばれる。数千個のエチレンが結合したポリエチレンは典型的なポリマーである。

$n\,H_2C=CH_2 \longrightarrow \text{-}(CH_2-CH_2)_n\text{-}$
エチレン　　　　　　ポリエチレン

従って **2** が主生成物となる。

○ アルキンと水の付加反応

アルキンに水が付加するとビニルアルコール誘導体 **3** が生成する。しかしこれはエノール体で不安定なため、ケト体の **4** に異性化する（3・6・2 項参照）。

○ 2 個のヒドロキシ基の同時導入

四酸化オスミウム OsO_4 や過マンガン酸カリウム $KMnO_4$ を作用させるとジオール誘導体 **5** が生成する。この付加反応はシス付加である。

演習問題

6.1 次の付加反応の生成物を構造式で書け。

A　$CH_3CH=CHCH_3 + H_2O \longrightarrow$

B　C₆H₅-CH=CH-C₆H₅ + HCl ⟶

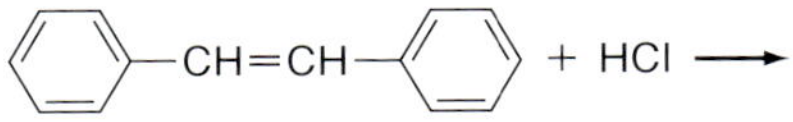

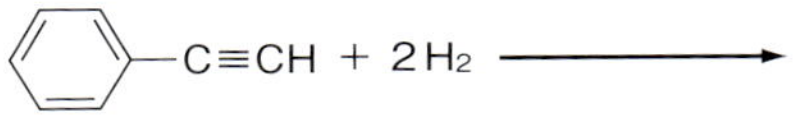

C　C₆H₅-C≡CH + 2H₂ ⟶

D　1,3-ブタジエン + シクロヘキセン ⟶

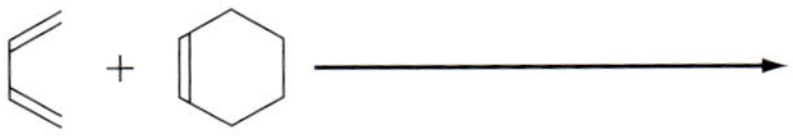

6.2 $CH_3C≡CCH_3$ に接触還元反応を行った場合の生成物を書け。

6.3 接触還元反応がシス付加で進行する理由を述べよ。

6.4 臭素付加反応がトランス機構で進行する理由を述べよ。

6.5 ハロニウムイオンの構造を p 軌道を用いて書け。

6.6 フェノニウムイオンの構造を p 軌道を用いて書け。

6.7 マルコフニコフ則が成立する理由を述べよ。

6.8 ブタジエンにハロゲン化水素 HX が付加する場合、X が 1 位に入らない理由を述べよ。

6.9 1,3-シクロヘキサジエンと無水マレイン酸のディールズ-アルダー反応の生成物の構造を平面構造で示せ。

6.10 上記の反応の主生成物を立体構造で示せ。

第7章 アルコール、エーテル、アミンの反応

　アルキル基 R にヒドロキシ基 OH の付いた化合物 R–OH を一般にアルコールと呼ぶが、フェニル基 C_6H_5 にヒドロキシ基の付いたものは特にフェノールと呼ばれる。アルコールは中性であるが、フェノールは酸性である。アルコールのヒドロキシ基の水素を炭素原子団に置換したものをエーテルと呼び、アルコールの脱水縮合反応によって作られる。アミノ基 NH_2 を持つ化合物をアミンと呼ぶ。アミンは H^+ を受け取る性質があり、有機化学における典型的な塩基である。

7・1 アルコールの性質と種類

　アルコールは有機化合物の中で最もよく知られた物質の一種であり、多くの種類がある。分子量の小さいものは溶媒として反応に用いられ、最も一般的なアルコールであるエタノールは酒類として飲用されている。

7・1・1 アルコールの種類

　アルコールは、ヒドロキシ基の結合した炭素に結合するアルキル基の個数に応じて、第一級アルコール（アルキル基1個あるいは0個）、第二級アルコール（2個）、第三級アルコール（3個）に分類することができる（**図7・1**）。メタノール、エタノールは第一級であり、2-プロパノール（iso-プロピルアルコール）は第二級、2-メチル-2-プロパノール（$tert$-ブチルアルコール）は第三級である。

　またヒドロキシ基の個数によって、一価アルコールと、二価、三価などの多価アルコールに分類することもできる（**図7・2**）。隣り合った2個の炭素上にヒドロキシ基が導入されたものは特に vic-ジオール（ビシナルジオール）と呼ばれる（7・2・1項参照）。

　自動車の不凍液などに用いるエチレングリコールは二価アルコール、油脂を構成するグリセリンは三価アルコールである[*1]。

*1　第一級アルコール、一価アルコール、第一周期、一族元素など、化学用語には"第"の付くものと付かないものがある。つまらないことだが、注意するに越したことはない。

第一級アルコール	CH_3–OH メタノール	CH_3–CH_2–OH エタノール
第二級アルコール	$(CH_3)_2$–CH–OH 2-プロパノール	
第三級アルコール	$(CH_3)_3$–C–OH 2-メチル-2-プロパノール	

図7・1　主要なアルコール

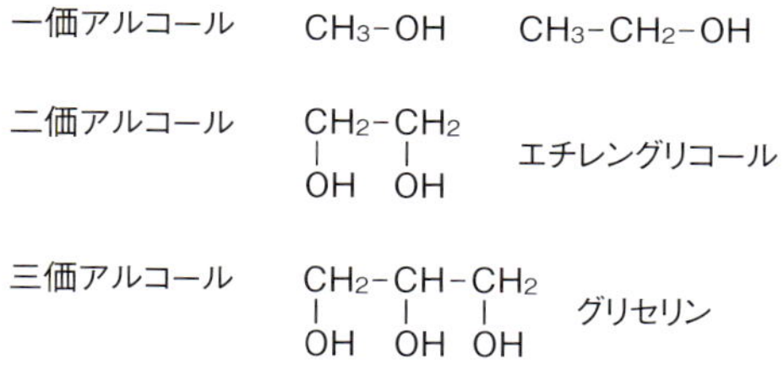

一価アルコール	CH_3–OH	CH_3–CH_2–OH
二価アルコール	CH_2–CH_2 |　　| OH　OH	エチレングリコール
三価アルコール	CH_2–CH–CH_2 |　　|　　| OH　OH　OH	グリセリン

図7・2　一価アルコールと多価アルコール

7・1・2 アルコールの物性

アルコールのヒドロキシ基は H^+ を放出する能力がないので、アルコールは中性である。また、第一級アルコールが酸化されるとアルデヒドを経てカルボン酸となる（7・2・2項参照）。メタノール、エタノール[*2]、プロパノールなど、分子量の小さいものは液体であり、水とよく混じる。有機物をよく溶かすので、有機化学反応における溶媒、あるいは洗浄用溶媒として用いられる。

$$R-OH \xrightarrow{\times} H^+ + R-O^-$$
アルコール（中性）

*2 エタノールは古来より人類が扱ってきたアルコール類なので、一般に"アルコール"という場合にはエタノールを指す。
同様に、一般に"エーテル"という場合には、ジエチルエーテル $CH_3CH_2-O-CH_2CH_3$ を指す。

エタノールは酒類に含まれ、飲用となる。それに対してメタノールは毒性が強く、誤って飲むと失明、落命の恐れがある。エタノールには酒税が課せられるので、工業用に使う場合には有害な不純物を混ぜて飲用に適さないようにする。これは変性アルコールと呼ばれ、酒税の対象外である。

7・1・3 フェノールの物性

フェニル基にヒドロキシ基の結合したものは一般に**フェノール**と呼ばれる。フェノールは H^+ を放出するので酸性であり、日本名で石炭酸と呼ばれる。フェノールは殺菌剤に用いられることもある。

フェノールが H^+ を放出するのは、放出した後の酸素原子上の陰イオンがフェニル基と共役し、非局在化されて安定化することによる。

$$C_6H_5-OH \longrightarrow H^+ + C_6H_5-O^- \longleftrightarrow \text{非局在化}$$
フェノール（酸性）　　　　　　　　　　　非局在化

7・2 アルコールの合成と反応

アルコールは脱離反応や置換反応を行う一方、金属 M と反応してアルコキシド R-OM となって水素を発生する。

$$R-OH + M \longrightarrow R-O^-M^+ + \frac{1}{2}H_2$$

また、二重結合にヒドロキシ基の結合したビニルアルコール誘導体は一般にエノールと呼ばれるが、不安定なため、ケト・エノール互変異性によってケト形のケトン誘導体に異性化する（3・6・2項参照）。

$$R_2C=C\genfrac{}{}{0pt}{}{R}{OH} \rightleftharpoons R_2HC-C\genfrac{}{}{0pt}{}{R}{=O}$$
エノール形　　　　ケト形

7・2・1 アルコールの合成

一般に二重結合に水を付加すると、ヒドロキシ基が導入されてアルコールとなる。エタノールは工業的にはエチレンに水を付加させて作る[*3]。また、二重結合を四酸化オスミウム OsO_4、過マンガン酸カリウム $KMnO_4$ などで酸化すると vic-ジオールができる。塩化物やアミンの置換反応によっても作ることができる。

$$R_2C=CR_2 + H_2O \longrightarrow R_2HC-CR_2OH$$

$$H_2C=CH_2 + H_2O \longrightarrow CH_3CH_2-OH \text{（工業用アルコール）}$$

$$R_2C=CR_2 + OsO_4 \longrightarrow R_2C-CR_2 \text{（}vic\text{-ジオール）}$$
$$\qquad\qquad\qquad\qquad\quad |\ \ |$$
$$\qquad\qquad\qquad\qquad OH\ OH$$

$$R-Cl \xrightarrow{OH^-} R-OH + Cl^-$$

> [*3] エチレンと水から化学的に合成したエタノールを、合成エタノールと呼ぶことがある。それに対して、糖（グルコース）のエタノール発酵によって得たアルコールを、醸造アルコールとして区別することがある。両者に違いがあるとしたら、ごく微量含まれる不純物の種類と量である。

7・2・2 酸化反応

第一級アルコールを酸化すると**アルデヒド**になる。アルデヒドは酸化されやすく、**カルボン酸**になるので、アルコールを酸化すると一気にカルボン酸になることもある。反対にカルボン酸を還元するとアルデヒドになり、さらに還元するとアルコールになる。

$$R-CH_2-OH \xrightarrow{\text{酸化}} R-C(=O)H \xrightarrow{\text{酸化}} R-C(=O)OH$$
第一級アルコール　　アルデヒド　　カルボン酸

$$CH_3-CH_2-OH \longrightarrow CH_3-C(=O)H \longrightarrow CH_3-C(=O)OH$$
エタノール　　アセトアルデヒド　　酢酸

$$CH_3-OH \longrightarrow H-C(=O)H \longrightarrow H-C(=O)OH$$
メタノール　　ホルムアルデヒド　　ギ酸

第二級アルコールは酸化されるとケトンを与える。しかし第三級アルコールは酸化されにくい。

$$\begin{array}{c} R \\ R \end{array}\!\!CH-OH \xrightarrow{\text{酸化}} \begin{array}{c} R \\ R \end{array}\!\!C=O$$
第二級アルコール　　ケトン

$$R-\underset{R}{\overset{R}{C}}-OH \xrightarrow{\text{酸化}} \times$$
第三級アルコール

7・2・3 その他の反応

上記以外にアルコール類の主な反応として次のようなものがある。

A 置換反応

アルコールにハロゲン陰イオン、アミノ陰イオン NH_2^- 等の適当な求核試薬を反応させると、置換反応が起きてヒドロキシ基が他の置換基に変化する。

$$R-OH \xrightarrow{X^-} R-X$$

B 脱離反応

ヒドロキシ基 OH は水素イオン H^+ と結合し、$-\overset{+}{O}H_2$ となって脱離する性質があるので、アルコールは水を脱離してその跡を不飽和結合にすることができる。二分子の間で脱水するとエーテル（7・3節参照）となる。また、分子内で2個のヒドロキシ基の間で脱水が起こると環状エーテルが生成する。

$$R_2HC-CR_2OH \xrightarrow{-H_2O} R_2C=CR_2$$

$$2R-OH \xrightarrow{-H_2O} R-O-R \text{ エーテル}$$

$$\begin{matrix} CH_2OH \\ CH_2OH \end{matrix} \xrightarrow{-H_2O} \begin{matrix} CH_2 \\ CH_2 \end{matrix} \rangle O$$

C エステル化反応

アルコールとカルボン酸の間で脱水縮合反応が起こると**エステル**[*4]ができる。エタノールと酢酸の反応でできる酢酸エチルは、溶解力が強いので各種溶剤（シンナー）として用いられたが、毒性が強いので、一般用での使用は控えられるようになった。

[*4] エステルには香りの良いものが多い。果実の香りの成分の多くはエステルである。

$$R-O\boxed{H + H-O}\overset{O}{\underset{\|}{C}}-R' \xrightarrow{-H_2O} R-O-\overset{O}{\underset{\|}{C}}-R' \text{ エステル}$$

$$H-O-CH_2CH_3 + CH_3-\overset{O}{\underset{\|}{C}}-O-H \xrightarrow{-H_2O} CH_3-\overset{O}{\underset{\|}{C}}-OC_2H_5 \text{ 酢酸エチル}$$

7・3 エーテルの性質と反応

2個の炭素原子団が酸素によって結合されたものを一般に**エーテル**と呼ぶ。代表的なものはジエチルエーテルで、これは有機物を溶かす力が

強いので反応溶媒に用いられるが、沸点が低く、引火性が強いので取扱いには注意が必要である。かつて全身麻酔剤として用いられたこともある[*5,6]。

7・3・1　エーテルの種類と性質

エーテルには多くの種類があり、次のように分類することができる[*7]（**図7・3**）。

A　単一エーテル（対称エーテル）

酸素に付く2個の置換基が同じものである。ジメチルエーテル、ジエチルエーテル、ジフェニルエーテルなどがある。ジエチルエーテルは単にエーテルと呼ばれることもある。

B　混成エーテル（非対称エーテル）

2個の置換基が異なるものである。エチルメチルエーテル、メチルフェニルエーテルなどがある。

*5　エーテルは、発展途上国では現在も麻酔剤として用いられることがあるが、日本で用いられることはない。

*6　非イオン系といわれる洗剤にはエーテル結合を親水部分として含むものがある。
R-O-(CH$_2$CH$_2$-O)$_n$H

*7
対称エーテル
　　　R-O-R
非対称エーテル
　　　R-O-R′
環状エーテル

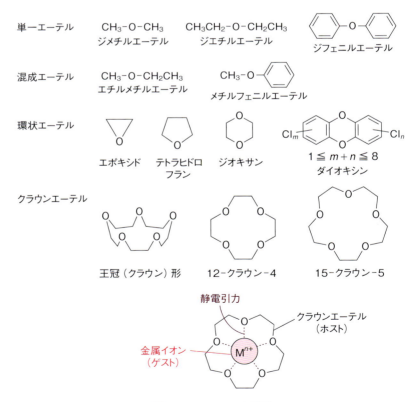

図7・3　エーテルの分類

C 環状エーテル

環状のエーテルである。エポキシド（オキシラン）、テトラヒドロフラン、ジオキサンなどがある。公害問題で知られるダイオキシンもこの仲間である。

D クラウンエーテル

単位構造 CH_2O が連続して環状になったものを一般にクラウンエーテルと呼ぶ[*8]。エーテルの酸素は負に荷電しているので、金属陽イオンとの間に静電引力が発生する。このため、クラウンエーテルの中心には金属イオンがはまり込むように引き付けられる。

このように、ある分子種と、それを取り囲むように結合した分子種が作る構造体を一般に**包接化合物**といい、取り囲む分子をホスト分子、取り囲まれる分子をゲスト分子という。また、複数個の分子が集合して作った構造体を一般に**超分子**[*9]という。包接化合物は超分子であり、2個のDNA分子が二重ラセン構造を作ったDNAも超分子の一種である。

クラウンエーテルは環の直径に応じて特定の金属イオンを強く包接するので、環サイズを調節することによって特定の金属イオンを選択的に取り出すことができる。この性質を利用して海水から有用金属イオンを採取することも可能である。

[*8] クラウン（王冠）エーテルと呼ばれるのは、立体形が王冠に似ているからである。

[*9] 超分子化学の概念を最初に提唱し、発展させた J.-M. レーンと C. ペダーセンは、1997年にノーベル化学賞を受賞した。

7・3・2 エーテルの合成と反応

単一エーテルの合成は、相当するアルコールの脱水縮合反応で作ることができる (1)。しかし、混成エーテルをこの方法で作ろうとすると3種のエーテルの混合物となる (2)。そこで、適当な脱離基を持ったアルキル誘導体とアルコキシドの反応によって作らなければならない (3)。

一般にエーテルは反応性に乏しいが、三員環構造のエポキシドは、適当な求核試薬の攻撃によって容易に開環して鎖状のアルコール誘導体を与える (4)。

$$2\,R\text{-}OH \xrightarrow{\text{脱水縮合}} R\text{-}O\text{-}R \tag{1}$$

$$R\text{-}OH + R'\text{-}OH \longrightarrow R\text{-}O\text{-}R + R\text{-}O\text{-}R' + R'\text{-}O\text{-}R' \tag{2}$$

$$R\text{-}O^-Na^+ + R'\text{-}Cl \longrightarrow R\text{-}O\text{-}R' + NaCl \tag{3}$$

7・4 アミンの性質と反応

アミノ基 NH_2 を持った化合物を一般に**アミン**と呼ぶ。

7・4・1 アミンの種類

アミンは、窒素原子に結合した置換基の個数によって、第一級アミン（置換基1個）、第二級アミン（2個）、第三級アミン（3個）に分類する。その他に、4個の置換基が結合して窒素原子が正に荷電したものを第四級アンモニウムイオンと呼ぶ。

RNH_2	R_2NH	R_3N	R_4N^+
第一級アミン	第二級アミン	第三級アミン	第四級アンモニウムイオン

7・4・2 塩基性

アミンの性質として最も大きなものは塩基性である。ブレンステッドの定義によれば、塩基とはプロトン H^+ を受容する能力を持つものである。受容能力が大きければ強塩基、小さければ弱塩基である。

アミンは H^+ を窒素原子上の非共有電子対で受容する。したがって、窒素原子上の電子密度の大小が塩基強度に影響することになる。アルキル基が電子供与性であることを考えれば、窒素原子に結合するアルキル基の個数が多ければそれだけ強塩基となることが予想される。**表7・1** の塩基解離指数 pK_b（数値が小さいほど強塩基）はそれを支持している。ただしトリメチルアミンでは、そのメチル基による立体障害によって H^+ が窒素原子に近づきにくくなっている。そのため、塩基性が弱くなっている。

一方、アミノ基がフェニル基に結合した場合には、窒素原子の非共有電子対はベンゼン環上に非局在する。そのため、H^+ 受容能力は落ちる。これがアニリンの塩基性が弱い理由である。

表7・1 種々のアミンの pK_b 値

		pK_b
NH_3	アンモニア	4.7
CH_3NH_2	メチルアミン	3.4
$(CH_3)_2NH$	ジメチルアミン	3.3
$(CH_3)_3N$	トリメチルアミン	4.2
C₆H₅–NH_2	アニリン	9.4
ピリジン環 N	ピリジン	8.7

7・4・3 アミンの合成と反応

アミンの合成法はいくつかあるが、本書でこれまでに見てきた反応を用いる合成法としては置換反応がある。すなわちアルコールや塩化物など、適当な脱離基を持った化合物にアミノ陰イオン NH_2^- を攻撃させる方法である。

$$R-X \xrightarrow{NH_2^-} R-NH_2$$

アミノ基はカルボン酸と脱水縮合反応によってアミドを与える。アミノ酸も同様の反応を行うが、アミノ酸の脱水縮合反応はとくに**ペプチド化反応**と呼ばれ、生成物は**ジペプチド**と呼ばれる（5・4・1項および、15・2節「ペプチドとタンパク質」参照）。

アミノ酸は、多数個の間でペプチド化反応を繰り返して長いペプチド鎖を作ることができる。これは**ポリペプチド**と呼ばれる。タンパク質はポリペプチドのうち、特別の立体構造と機能を持ったものにだけ与えられる名前である[*10]（図7・4）。

*10 ポリペプチドに硝酸を作用させると黄色になる（キサントプロテイン反応）。タンパク質もポリペプチドの一種なので、この反応によって黄色になる。

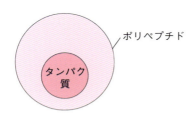

図7・4 ポリペプチドとタンパク質の関係

Column　pK_a と pK_b

表7・1のように、本書では塩基の強弱を塩基解離指数 pK_b で表した。しかし、本によっては塩基の強弱を酸解離指数 pK_a で表してあることがある。pK_b と pK_a の関係はどうなっているのだろうか？

ブレンステッド塩基 B の解離反応は反応式1で表される。この反応の平衡定数 K は式1となる。この式を基に塩基解離定数 K_b が式2で定義され、その対数式3を塩基解離指数 pK_b という。したがって、塩基が強ければ反応式1は右に進み、K_b は大きくなるが、定義によって pK_b は小さくなる。

一方、B の共役酸である BH$^+$ の酸としての解離反応は反応式2となり、その酸解離指数 pK_a は式6となる。すなわち、BH$^+$ の酸としての性質が強ければ酸解離定数 K_a は大きくなり、pK_a は小さくなる。そして BH$^+$ が酸として強いということは、BH$^+$ が B になりやすい、すなわち塩基として弱いということになる。

したがって、塩基の強弱が pK_a で表してあるときには、pK_a の数値が大きいほど塩基としての性質が強いことになる。注意が必要である。

$$B + H_2O \rightleftarrows BH^+ + OH^- \quad \text{(反応式1)}$$

$$K = \frac{[BH^+][OH^-]}{[B][H_2O]} \quad \text{(式1)}$$

$$K_b = [H_2O]K = \frac{[BH^+][OH^-]}{[B]} \quad \text{(式2)}$$

$$pK_b = -\log K_b \quad \text{(式3)}$$

$$BH^+ + H_2O \rightleftarrows B + H_3O^+ \quad \text{(反応式2)}$$

$$K = \frac{[B][H_3O^+]}{[BH^+][H_2O]} \quad \text{(式4)}$$

$$K_a = [H_2O]K = \frac{[B][H_3O^+]}{[BH^+]} \quad \text{(式5)}$$

$$pK_a = -\log K_a \quad \text{(式6)}$$

演習問題

7.1 第一級、第二級、第三級アルコールの例を示せ。

7.2 一価アルコール、二価アルコール、三価アルコールの例を示せ。

7.3 アルコールは中性なのにフェノールが酸性である理由を説明せよ。

7.4 エステル化において、OH 原子団を放出するのはアルコールか、それともカルボン酸か？　それを明らかにする実験法を考えよ。

7.5 エポキシドの塩基による開環反応では、一段階機構と二段階機構が考えられる。それぞれの反応機構を説明せよ。

7.6 クラウンエーテルが金属イオンを識別できる理由を答えよ。

7.7 超分子の例をあげよ。

7.8 トリメチルアミンの塩基性がジメチルアミンより弱いのはなぜか。理由を説明せよ。

7.9 ピリジンはどのようにして H$^+$ を受容するのか。結合状態を明らかにして説明せよ。

7.10 アミノ酸が多数個連結してタンパク質を作ることができる理由を説明せよ。

第8章 ケトン、アルデヒドの反応

カルボニル基 >C=O を持つものを一般にケトンといい、ホルミル基 –CH=O を持つものを一般にアルデヒドという。しかし、ホルミル基は >C=O 原子団を持っているので、アルデヒドはケトンの一種と見ることもできる。たしかにアルデヒドはケトン一般とよく似た性質と反応性を持つ。しかし、アルデヒドにはケトンにはない性質もある。その顕著な例は、酸化されやすい、すなわち相手を還元しやすいということである。

8・1 ケトン、アルデヒドの性質

8・1・1 ケトンの性質

ケトンはカルボニル基に 2 個の置換基が結合したものである（図 8・1）。代表的なものにアセトン（ジメチルケトン）、ベンゾフェノン（ジフェニルケトン）などがある。アセトンは水と自由に混ざる他、有機物を溶かす力が大変に強いので、反応溶媒や洗浄溶媒、あるいは塗料の溶剤（シンナー）などに用いられる。

カルボニル基[*1]では電気陰性度の大きい酸素が C=O 結合電子を引き付けるので、酸素が −、炭素が + に荷電している。そのため、炭素部分に求核攻撃を受けやすい。ケトンの反応には合成上、重要なものが多い。

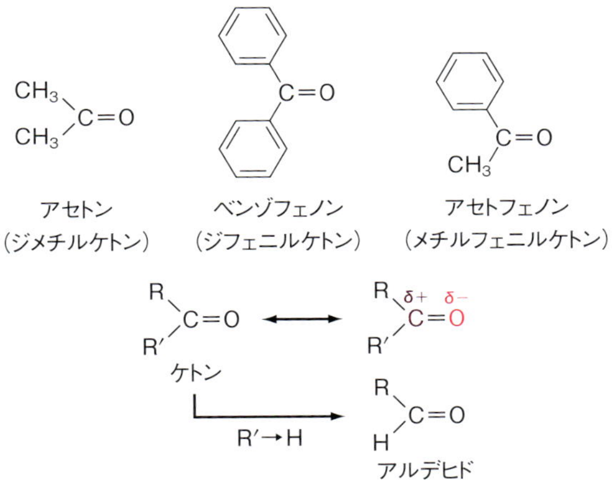

[*1] カルボニル基は、

カルボキシ基 $-C\overset{O}{\underset{OH}{}}$

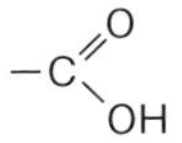

ホルミル基 $-C\overset{O}{\underset{H}{}}$

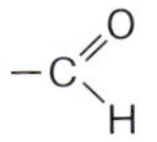

の部分基と見ることができる。

図 8・1 ケトン類

アセトン（ジメチルケトン）　ベンゾフェノン（ジフェニルケトン）　アセトフェノン（メチルフェニルケトン）

8・1・2 アルデヒドの性質

ホルミル基 CHO を持つものを一般に**アルデヒド**という（図 8・2）。ホルムアルデヒド、アセトアルデヒド、ベンズアルデヒドなどがよく知られる。また、グルコースなどの糖類にもホルミル基を持つものがある。

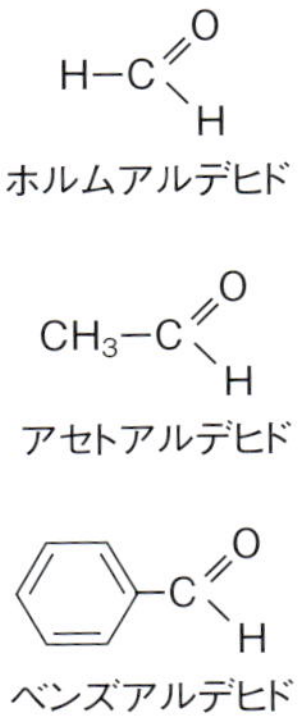

図 8・2 アルデヒド類

ホルムアルデヒド

アセトアルデヒド

ベンズアルデヒド

ホルムアルデヒドは有害な物質であり、この 30 % 程度の水溶液がホルマリンである。ホルマリンはタンパク質を硬化する作用があるので、生物標本の保存液として用いられる。ホルマリンはフェノール樹脂やウレア樹脂などの熱硬化性樹脂の原料であるため、これらの樹脂から未反応のホルムアルデヒドが浸出することがある。これが、シックハウス症候群の原因と考えられている。

ホルミル基はカルボニル基に 1 個の水素原子が結合した構造であり、そのためアルデヒドの反応性はケトンに似ている。

8・2 酸化・還元反応

酸化還元反応は、有機化学においても重要な反応である（6・5 節参照）。

8・2・1 酸化還元反応の定義

有機化学の観点から酸化還元反応を見てみよう。酸化還元反応には、酸素の授受、水素の授受だけでなく、電子の授受もある。

すなわち、ある化合物が酸化されるということは、その化合物が ① 酸素と結合する、② 水素を放出する、③ 電子を放出することである。反対に還元されるということは、① 酸素を放出する、② 水素と結合する、③ 電子を受け入れることである。

8・2・2 ケトン、アルデヒドの酸化還元反応

ケトンは酸化されることはない。しかし、還元される、すなわち水素が付加すると第二級アルコールになる（図 8・3 上）。

それに対して、アルデヒドは酸化も還元もされる。すなわち、還元されると第一級アルコールとなり、酸化されるとカルボン酸になる[*2]（図 8・3 下）。

*2 簡単な炭素化合物における炭素の酸化数を計算すると、次のようになる。

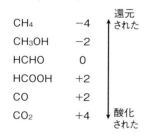

すなわち、炭化水素 → アルコール → アルデヒド → カルボン酸の順で、炭素の酸化が進行しているのである。

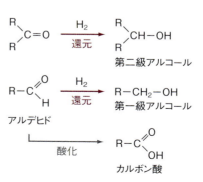

図 8・3 酸化還元反応

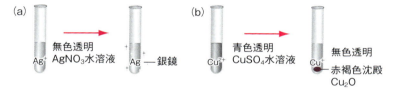

図 8・4 銀鏡反応（a）とフェーリング反応（b）

アルデヒドの特性の一つとして、酸化されやすいということがある。酸化されやすいということは相手を還元しやすいということであり、相手に電子を与えやすいということである。この性質が顕著に現れるのが、アルデヒドの定性反応として使用される**銀鏡反応**[*3]と**フェーリング反応**である（図 8・4）。

銀鏡反応では、溶液中の銀イオン Ag^+ を還元して金属銀 Ag にし、この銀が器壁に析出して銀鏡となる。またフェーリング反応では、青色の二価の銅イオン Cu^{2+} が還元されて Cu^+ となり、赤褐色の Cu_2O となって沈殿する。

*3 銀鏡反応は、電気を使わずに、化学的手法でメッキを施す化学メッキの一種である。

8・3 求核反応

ケトンであれ、アルデヒドであれ、そのカルボニル炭素は電子不足で正に荷電している。したがって、求核試薬による求核攻撃の格好のターゲットとなる。

8・3・1 求核付加反応

カルボニル基に対する求核反応の典型は求核付加反応である。

A 水の求核付加反応

水 H-O-H の O は、電気陰性度が高くて負に荷電している。したがって求核試薬としての資格を十分に満たしている。水の酸素が非共有電子対を利用してケトン **1** のカルボニル炭素を攻撃すると、双極性イオン中間体 **2** を生じる。ここから水の H^+ が負に荷電したカルボニル酸素に移動すると、1,1-ジオール体 **3** が生成する。これはカルボニル基の C=O 結合に水が付加した反応である（図 8・5）。

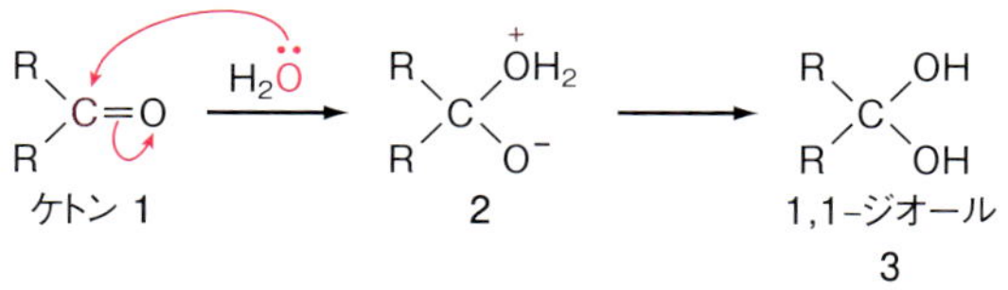

図 8・5 水の求核付加反応

B　アルコールの求核付加反応

アルコールは水の求核付加反応と全く同様の反応機構で付加し、ヘミアセタール[*4] **4** を与える。ヘミアセタールに再度アルコールが反応すると求核置換反応を起こし、ヒドロキシ基 OH がアルコキシ基 OR に置換されてアセタール **5** となる[*5]（**図 8・6**）。

*4　“ヘミ”は“半分”という意味の接頭語である。

*5　ケトン **1** からヘミアセタール **4** ができる反応は付加反応であるが、**4** からアセタール **5** ができる反応は置換反応である。

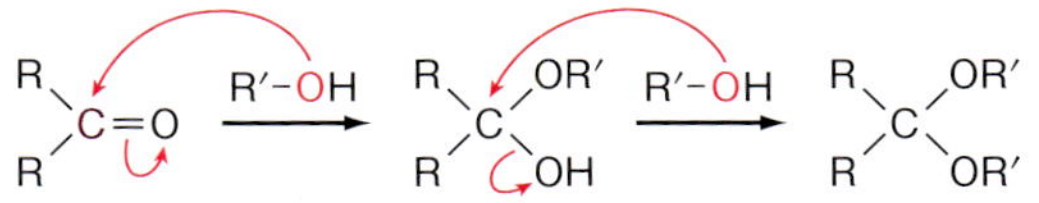

1　　4　　5

図 8・6　アルコールの求核付加反応

C　アミンの求核付加反応（**図 8・7**）

ケトンにアミンが付加すると、これまでの反応と全く同様に付加体 **6** が生成する。しかし **6** には脱離基となりうるヒドロキシ基と水素原子が存在する。そこで、この両者が水として脱離すると C=N 二重結合を持つイミン誘導体 **7** となる。

カルボニル炭素の隣の炭素（α 位）に水素を持つアルデヒド **8** に第二級アミン **9** が求核付加すると **10** となる。**10** において窒素上の非共有電子対が C–N 結合に移動すると、ヒドロキシ基が水酸化物イオン OH^- として脱離し、イミニウムイオン **11** となる。

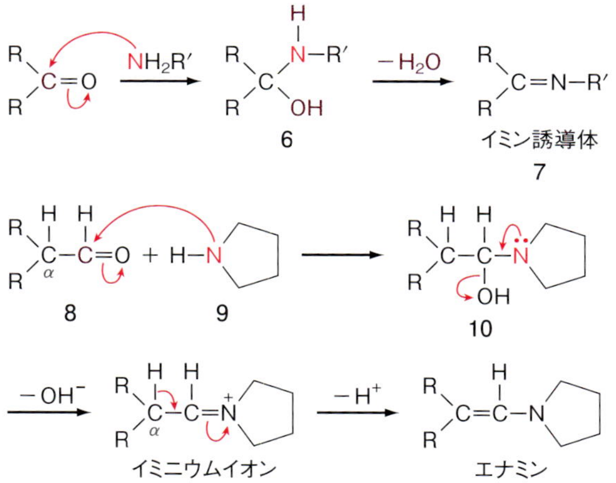

6　7　8　9　10　11　12

図 8・7　アミンの求核付加反応

ここで α 位の水素が H^+ として外れると、二重結合 (ene) に窒素原子団 (アミン amine) が結合した**エナミン** (enamine) **12** となる。エナミンはアルデヒド誘導体を用いた各種合成反応において重要な中間体となるものである。

8・3・2　カルボニル基の変換を伴う反応

カルボニル基 C＝O が CH_2 や $C＝CH_2$ に変換される反応である。

A　ウォルフ-キシュナー還元

カルボニル基の反応として合成的に重要な反応に、発見者の名前をとった**ウォルフ-キシュナー還元**がある。これはカルボニル基 C＝O をメチレン基 CH_2 に変えてしまう反応である。

ケトンにヒドラジン[*6]を反応させると、ヒドラゾン **13** となる。これに水酸化ナトリウムを作用させると**図8・8**のような反応が進行し、最終的には出発物質であるケトンのカルボニル基が消失した炭化水素 **14** が生成する。

[*6] ヒドラジンはロケットの推進剤にも用いられる。

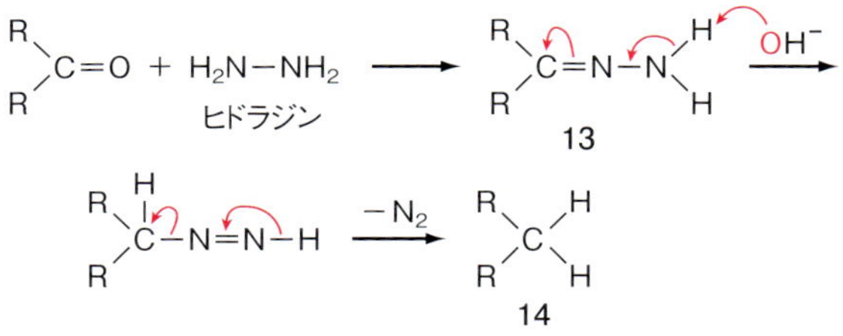

図8・8　ウォルフ-キシュナー還元

B　ウィッティヒ反応

ウィッティヒ反応は、ケトンの C＝O 原子団を $C＝CH_2$ 原子団に変える反応としてよく知られた反応である。試薬はウィッティヒ試薬といわれるが、一般にリンイリドと呼ばれるものである。これはリンと炭素が極性結合で結合したものであり、このように、分子内に ＋ と － の電荷が隣り合わせに存在する分子を一般にイリドという[*7]。

反応は、リンイリドの負に荷電した炭素がカルボニル炭素を求核攻撃することによって始まる (**図8・9**)。生成したイオン中間体 **15** の負に荷電した酸素がリンを攻撃して四員環中間体 **16** を生成する。**16** が図8・9のように開裂すると最終生成物 **17** となるものである。

[*7] イリドの一般式
$\overset{+}{X}-\overset{-}{Y}$

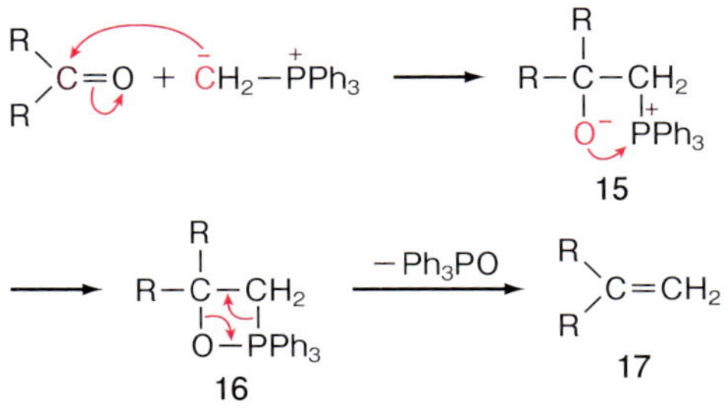

図8・9 ウィッティヒ反応

8・3・3 二量化反応

2個のベンズアルデヒドが付加して二量体を与える反応である（**図8・10**）。生成物の名前からベンゾイン縮合反応と呼ばれるが、脱離する分子はない。この反応には触媒としてニトリルイオン CN^- が必要である。

ベンズアルデヒド **18** にニトリルイオンが求核攻撃すると中間体陰イオン **19** が生成する。**19** でプロトン移動が起こると陰イオン **20** となる。**20** がもう一分子の **18** を攻撃すると **21** となる。**21** でプロトン移動とニトリルイオンの脱離が起こると最終生成物であるベンゾイン **22** が生成する。

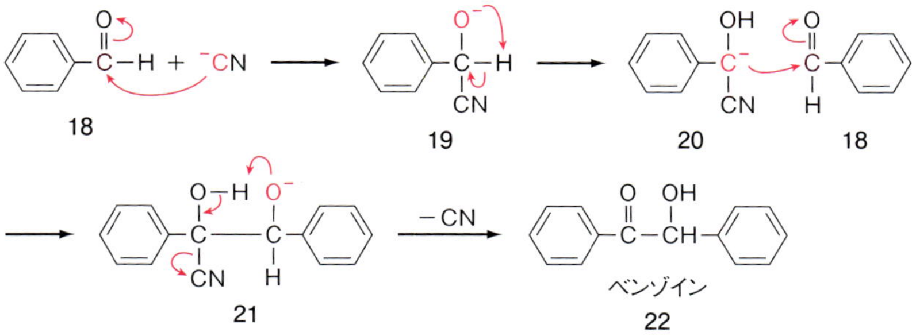

図8・10 ベンゾイン縮合

8・4 ヒドリド反応

水素原子はイオンになる。陽イオン H^+ は水素原子核そのものであり、すなわち陽子なのでプロトンと呼ばれる。それに対して陰イオン H^- も存在するのであり、それは水素化物イオン、**ヒドリド**（ハイドライド）と呼ばれる[*8]。カルボニル化合物の反応にはヒドリドの関与するものがある。

8・4・1 ヒドリド還元

カルボニル化合物にヒドリドを作用させるとアルコールになる。ヒド

[*8] 水素原子が H^- として結合している化合物の典型的なものとして、水素化ナトリウム NaH、水素化カルシウム CaH_2 などがある。これらの化合物では、H の電気陰性度より、Na、Ca の電気陰性度が小さい。そのため、電子は水素の方に引き寄せられ、H が H^- となっている。

リドを発生する試薬としては、水素化ホウ素ナトリウム $NaBH_4$ や水素化アルミニウムリチウム $LiAlH_4$ などがよく知られている[*9]。

反応は、BH_4^- のヒドリド H^- がカルボニル炭素を攻撃する（**図8・11**）。

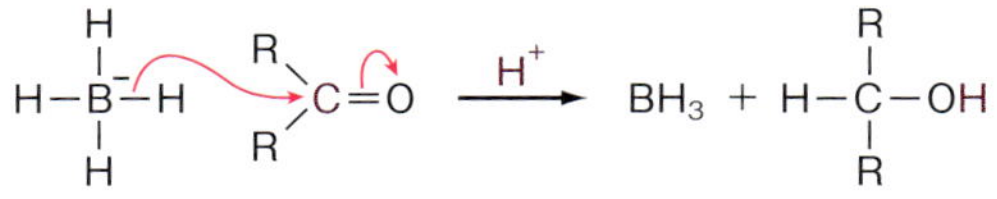

[*9] これらの試薬は還元剤として実験室でよく用いられる。しかし、発火するなどの危険性があるので取り扱いには注意が必要である。

図8・11 $NaBH_4$ によるヒドリド還元

8・4・2 不均化反応

二個のアルデヒドの間で、片方は酸化されてカルボン酸となり、もう片方は反対に還元されてアルコールとなる反応である。このように均一なものが不均一なものになるので**不均化反応**と呼ばれる。また、発見者の名前をとって**カニッツァロ反応**とも呼ばれる。

反応機構は**図8・12**のようなものである。アルデヒドに水酸化物イオンが反応すると陰イオン中間体 **23** が生じる。ここで水素がヒドリドとなってもう一分子のアルデヒドを攻撃するとカルボン酸とアルコールができる。このように、水素が陰イオンとして移動する機構を一般にヒドリドシフトという。

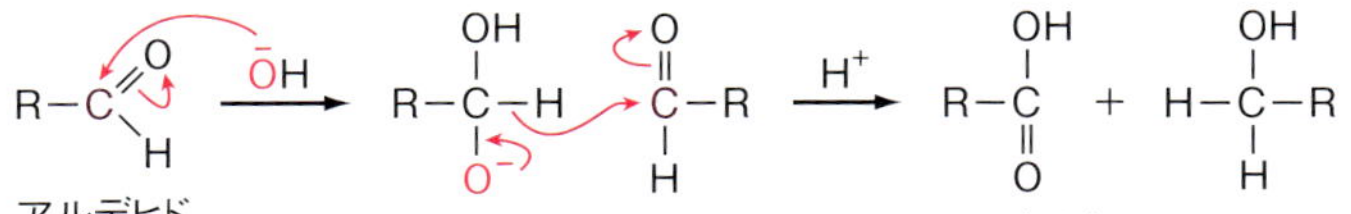

図8・12 カニッツァロ反応

8・5 グリニャール反応

求核試薬の一種に有機金属化合物がある。これはその名前の通り、有機化合物と金属が結合したものである。特徴は簡単にいえば、金属が陽イオン的であり、有機化合物部分が陰イオンになるということである。したがって有機化合物部分は求核試薬として作用することになる。

このような反応としてよく知られたものに、発見者の名前をとった**グリニャール反応**がある。これはカルボニル化合物をアルコールに変える反応であるが、一般に高収率で進行するため、合成的に重要な反応である[*10]。

[*10] グリニャール反応は、ケトンをアルコールに変える反応として、合成化学的に有用であり、かつ収率も高い。そのため、開発者である V. グリニャールは、1912 年にノーベル化学賞を受賞した。

8・5・1 実験操作

反応は**グリニャール試薬**を作ることから始まる(**図8・13**)。すなわち、金属マグネシウムにハロゲン化物を作用させて試薬 **1** を作る。この試薬にカルボニル化合物を加えると、試薬の有機物部分が求核試薬として攻撃し、中間体 **2** を生成する。続いてこの中間体に水を加えて分解すると最終生成物が得られる[*11]。

一連の反応は同じ反応容器に試薬を次々と加えてゆくことで進行する。このような反応を特にワンポット反応ということがある(本章コラム参照)。

[*11] グリニャール試薬は、水と反応しやすいので、反応系から水分を完全に除去することが重要である。そのため、無水溶媒、乾燥気体(N_2、Ar など)を用いる。

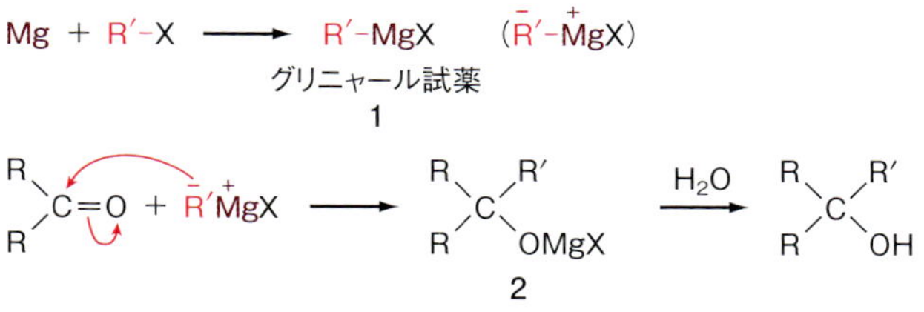

$$Mg + R'-X \longrightarrow R'-MgX \quad (\bar{R}'-\overset{+}{MgX})$$

グリニャール試薬 **1**

図8・13 グリニャール試薬の調製とグリニャール反応

8・5・2 反応の種類

グリニャール試薬は各種のカルボニル化合物と反応する(**図8・14**)。

① アルデヒドに反応すると第二級アルコールが生成する。
② ケトンに反応すると第三級アルコールが生成する。
③ エステルに反応するとグリニャール試薬が2モル働いて第三級アルコールが生成する。
④ 二酸化炭素に反応するとカルボン酸が生成する。

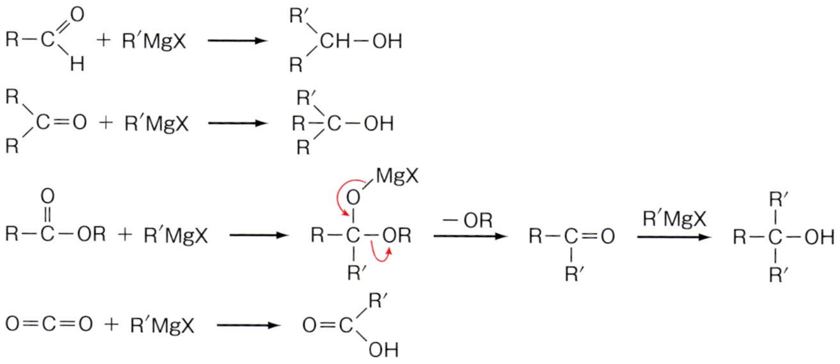

図8・14 グリニャール試薬とカルボニル化合物の反応

Column　ワンポットリアクション

日本語に直訳すれば一壺反応である。何のことだろうか？　グリニャール反応がこの反応の例である。グリニャール反応の一般的な反応装置は、図のようなものである。実験室で用いる反応装置としては複雑な方であるが、基本的な部分は三口フラスコ（反応容器）と滴下ロート（試薬容器）である。

反応としては①三口フラスコにマグネシウムを入れ、②滴下ロートからハロゲン化物を滴下してグリニャール試薬を作る。③滴下ロートにケトンを入れて三口フラスコ内に滴下してグリニャール反応を行い、④滴下ロートに分解試薬（水）を入れて三口フラスコに滴下して反応を終了する。

このように、全ての反応が三口フラスコという一個の容器（壺）の中で完結するのである。これがワンポットリアクションの語源である。

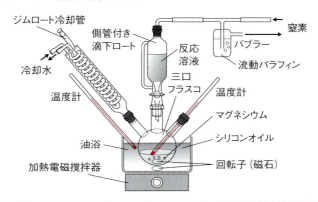

演習問題

8.1　メタン、メタノール、ホルムアルデヒド、ギ酸の炭素の酸化数を計算せよ。酸化数の大きい順に不等号を付けて並べよ。

8.2　アルデヒドであることを確認する定性実験の名前とその原理を示せ。

8.3　アセトンとメタノールからアセタールができる反応の機構を示せ。

8.4　アセトフェノンとメチルアミンの反応の反応機構を示せ。

8.5　エナミン生成の反応機構を示せ。

8.6　ウォルフ–キシュナー反応の反応機構を示せ。

8.7　ウィッティヒ反応の反応機構を示せ。

8.8　ベンゾイン縮合の反応機構を示せ。

8.9　グリニャール反応の反応機構を示せ。

8.10　次の反応の生成物を構造式で示せ。

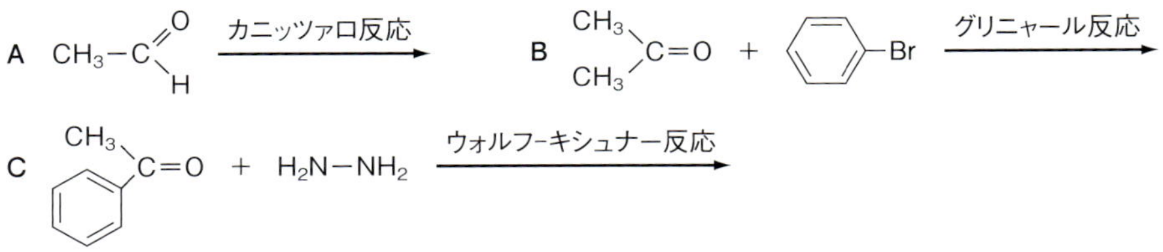

A　CH₃–CHO　—カニッツァロ反応→

B　(CH₃)₂C=O ＋ C₆H₅–Br　—グリニャール反応→

C　CH₃(C₆H₅)C=O ＋ H₂N–NH₂　—ウォルフ–キシュナー反応→

第9章 カルボン酸の反応

　カルボキシ基 –COOH を持っている化合物をカルボン酸という。カルボン酸の最大の特徴は「酸である」ということであり、H^+ を放出する能力がある。カルボキシ基は複合基であり、部分基としてカルボニル基 >C=O とヒドロキシ基 –OH を持つことから、両置換基の反応性を受け継いでいる。また、カルボン酸の塩は両親媒性分子といわれ、水に溶ける部分と油に溶ける部分の両方を併せ持つ。これは分子膜の構成要素であり、生体系に重要な関わりを持つ。

9・1　カルボン酸の種類と性質

　カルボン酸は有機物における究極の酸として、ゆるぎない地位を誇っている[*1]。それと同時に、カルボン酸は自然界、特に生体系における重要物質であり、さらに化学産業における重要原料物質でもある。そのため、多くの種類が知られている。

*1　カルボン酸やスルホン酸 $R-SO_3H$ は、有機物の酸なので、有機酸と呼ばれることがある。

9・1・1　カルボン酸の種類

　カルボン酸には、構造の簡単なものから、ギ酸、酢酸、プロピオン酸、安息香酸(あんそくこうさん)など、多くの種類が知られている。カルボン酸は、分子内に存在するカルボキシ基の個数によって、一価、二価、三価、多価などに分けることができる（**図9・1**）。

　また、天然物の脂肪（油脂、油）を構成するカルボン酸は特に脂肪酸と呼ばれることがあるが、化学的に他のカルボン酸と違いがあるわけではない。脂肪酸に関しては第14章で詳しく見ることにする。

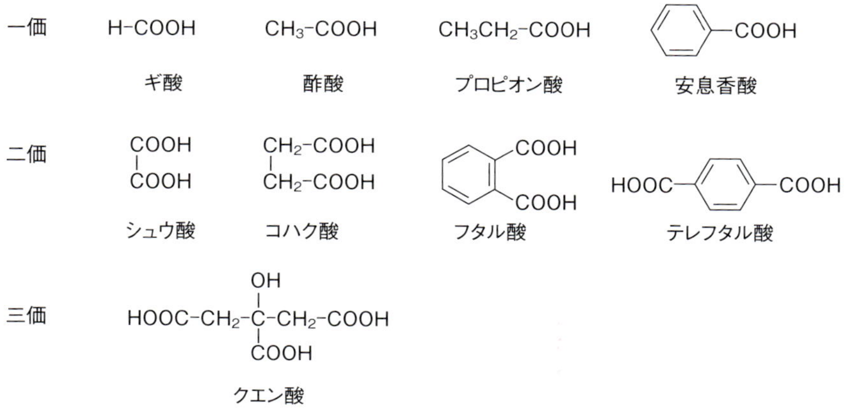

一価	H–COOH	CH_3–COOH	CH_3CH_2–COOH	⌬–COOH
	ギ酸	酢酸	プロピオン酸	安息香酸

二価	COOH | COOH	CH_2–COOH | CH_2–COOH	⌬(–COOH, –COOH)	HOOC–⌬–COOH
	シュウ酸	コハク酸	フタル酸	テレフタル酸

三価　HOOC–CH_2–C(OH)(COOH)–CH_2–COOH
　　　クエン酸

図9・1　カルボン酸の種類

9・1・2 カルボン酸の性質

カルボン酸の性質の最大のものは、H^+ を放出することができるということである。そのため、ブレンステッドの定義による酸の典型となっている。

しかし、H^+ を放出する能力は酸によって差があり、それは式1の平衡式に基づく定数である**酸解離定数** K_a、あるいはそれを指数化した**酸解離指数** pK_a によって表現される。いくつかの酸の pK_a を**表9・1**に示した[*2]。

$$R\text{-}COOH \rightleftarrows R\text{-}COO^- + H^+ \quad (式1)$$

$$K_a = \frac{[R\text{-}COO^-][H^+]}{[R\text{-}COOH]}$$

$$pK_a = -\log K_a$$

表9・1 酢酸誘導体の pK_a 値

	pK_a
H-COOH	3.8
CH_3COOH	4.8
$ClCH_2COOH$	2.9
$Cl_2CHCOOH$	1.3
Cl_3CCOOH	0.15

[*2] K_a、pK_a、K_b、pK_b の関係については、第7章コラム参照。

酢酸 CH_3COOH は弱酸の典型として扱われるが、酢酸に塩素が付加するとその個数に応じて強酸となる。塩素が3個結合したトリクロロ酢酸 Cl_3CCOOH の酸強度は鉱酸[*3]に匹敵するまでになっていることは注意すべきことである。

カルボン酸は水素結合によって二量化することができる（**図9・2**）。そのため、安息香酸の分子量（122）を凝固点降下法で測定すると、ほぼ2倍（240程度）の値となる。

[*3] 有機物でない酸（HCl, HNO_3, etc.）を一般に鉱酸ということがある。

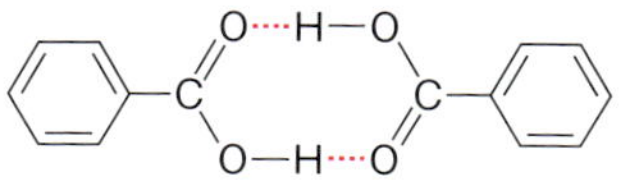

······：水素結合

図9・2 安息香酸の二量体

9・1・3 アミノ酸の性質と反応

カルボン酸の中で特殊な性質を持つものはアミノ酸である。

A α-アミノ酸

特に同一炭素にカルボキシ基 COOH とアミノ基 NH_2 を持つものは **α-アミノ酸**であるが、通常アミノ酸と呼ばれるものはこれである。

アミノ酸はタンパク質を構成する単位分子として有名である。タンパク質は、20種ほどのアミノ酸がアミド結合（ペプチド結合）によって多量化した高分子であるポリペプチドの一種である（なお、アミノ酸、タンパク質についての詳細は第15章参照）。

B 鏡像異性体

アミノ酸は1個の炭素にアミノ基、カルボキシ基、水素 H、適当な置換基 R という互いに異なった4種の置換基が結合したものであり、このような炭素を特に**不斉炭素**という。アミノ酸のように不斉炭素を1個だ

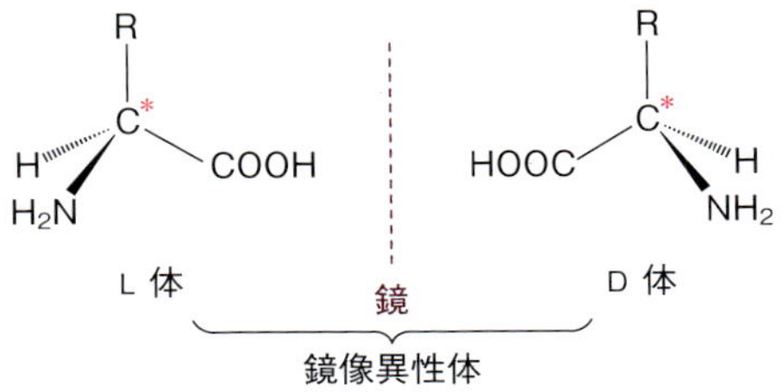

図9・3 アミノ酸の鏡像異性体

け持つ化合物は、**鏡像異性体**を持ち、アミノ酸の場合にはそれぞれをD体、L体として区別する[*4]（**図9・3**）。

鏡像異性体は互いに完全に同じ化学的性質を持つ。そのため、化学的手段によってアミノ酸を合成した場合には、D体とL体の1：1混合物が生成する。これを**ラセミ体**、あるいは**ラセミ混合物**と呼ぶ。しかし自然界には極めて少数の例外を除けばL体しか存在しない。その理由は不明である。

D体、あるいはL体のみを優先的に合成することを**不斉合成**、その混合物（ラセミ体等）から、片方だけを分けとることを**ラセミ分割**という。両方とも、通常の化学的手段ではほぼ不可能である。

[*4] アミノ酸を、カルボキシ基を上にしてフィッシャー投影式（13・1・2項参照）で書いた場合、アミノ基が左にくるものをL体という。

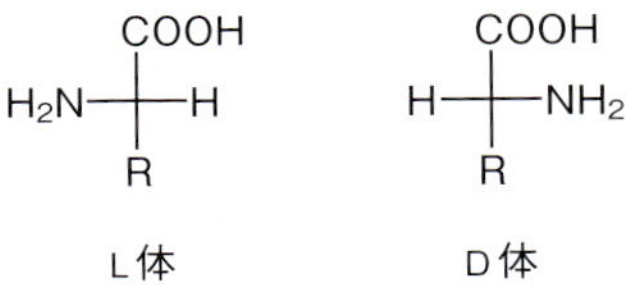

9・2 カルボン酸の合成と反応

カルボン酸は、酸としての性質とカルボニル化合物としての性質の両方を持つ。反応においては後者の性質が強く出る。

9・2・1 カルボン酸の合成（図9・4）

カルボン酸は対応するアルコールを酸化することによって、アルデヒドを経て合成できる（1）。また、グリニャール試薬を二酸化炭素に作用させることによっても合成できる（2）。アルデヒドにハロゲンを作用させるハロホルム反応によっても作ることができる（3）。

ニトリル基CNに強酸を作用させると最終的にカルボキシ基になる（4）[*5]が、この反応を応用した**ストレッカー反応**（5）は、アルデヒドにアンモニアとシアン化カリウムを作用させてアミノ酸を合成する反応としてよく知られている。

[*5] 反応機構

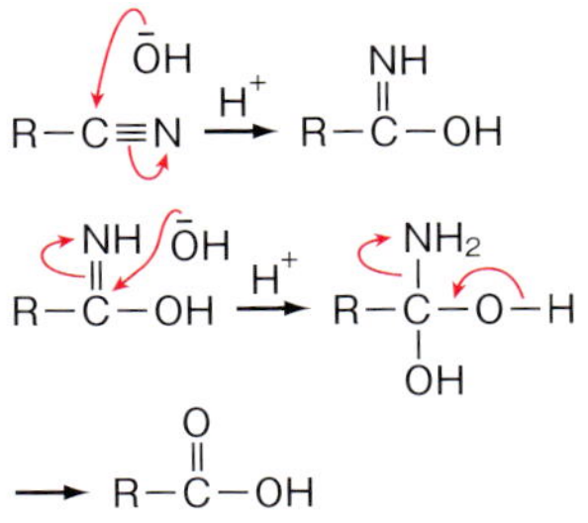

9・2・2 カルボン酸の反応

カルボン酸は反応性が低く、カルボン酸特有の反応の種類は多くない。

A エステル化・アミド化（図9・5）

カルボン酸とアルコールが脱水縮合するとエステルを生じる。二価カ

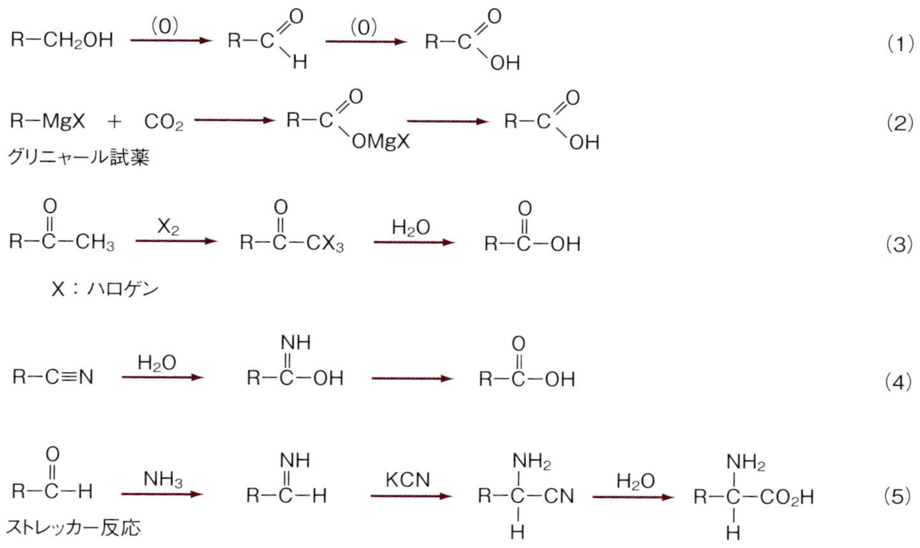

9・2 カルボン酸の合成と反応

$$R-CH_2OH \xrightarrow{(O)} R-\underset{H}{\overset{O}{\overset{\|}{C}}} \xrightarrow{(O)} R-\underset{OH}{\overset{O}{\overset{\|}{C}}} \quad (1)$$

$$\underset{\text{グリニャール試薬}}{R-MgX} + CO_2 \longrightarrow R-\underset{OMgX}{\overset{O}{\overset{\|}{C}}} \longrightarrow R-\underset{OH}{\overset{O}{\overset{\|}{C}}} \quad (2)$$

$$R-\overset{O}{\overset{\|}{C}}-CH_3 \xrightarrow{X_2} R-\overset{O}{\overset{\|}{C}}-CX_3 \xrightarrow{H_2O} R-\overset{O}{\overset{\|}{C}}-OH \quad (3)$$
X:ハロゲン

$$R-C\equiv N \xrightarrow{H_2O} R-\overset{NH}{\overset{\|}{C}}-OH \longrightarrow R-\overset{O}{\overset{\|}{C}}-OH \quad (4)$$

$$\underset{\text{ストレッカー反応}}{R-\overset{O}{\overset{\|}{C}}-H} \xrightarrow{NH_3} R-\overset{NH}{\overset{\|}{C}}-H \xrightarrow{KCN} R-\underset{H}{\overset{NH_2}{\overset{|}{C}}}-CN \xrightarrow{H_2O} R-\underset{H}{\overset{NH_2}{\overset{|}{C}}}-CO_2H \quad (5)$$

図9・4 カルボン酸の合成

ルボン酸のテレフタル酸と二価アルコールのエチレングリコールが脱水縮合すると、高分子の **PET**（polyethyleneterephthalate）が生成する。エステル結合でできた高分子を一般に**ポリエステル**という。

カルボン酸とアミンが脱水縮合するとアミドが生成する。アミドはエステルにアミンを作用させることによっても生成する。二価のアミンであるヘキサメチレンジアミンと二価のカルボン酸であるアジピン酸からできた高分子がナイロン66[*6]である。アミド結合でできた高分子を一般に**ポリアミド**という。

[*6] 一分子内に、カルボキシ基とアミノ基を持つ化合物 **1** を用いれば、同一分子が連続したポリアミドを作ることができる。これをナイロン6という。日本で開発された化合物 **1** は、第10章演習問題10.9にあるカプロラクタムを加水分解して得る。

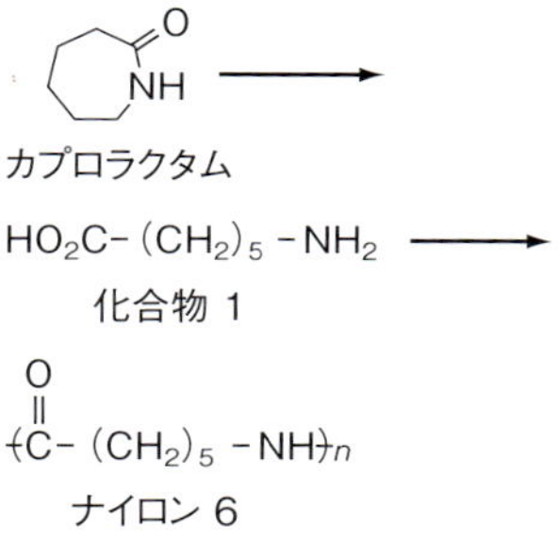

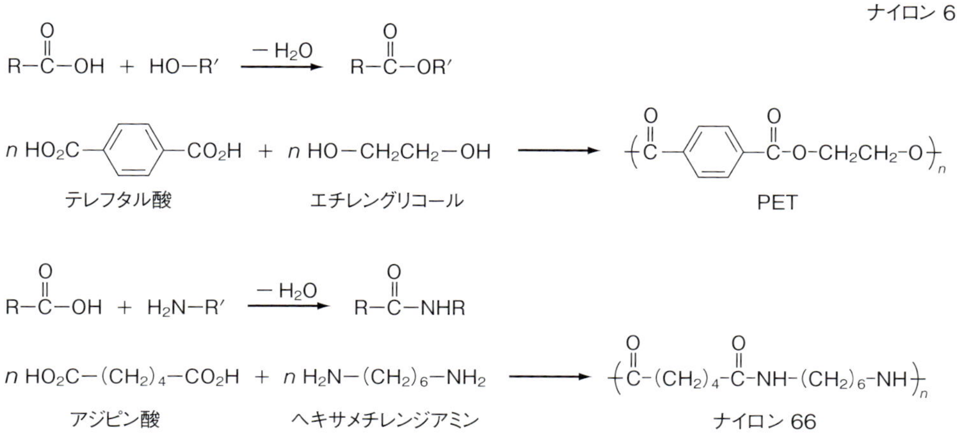

カプロラクタム
$HO_2C-(CH_2)_5-NH_2$
化合物 1
$\{C-(CH_2)_5-NH\}_n$
ナイロン6

$$R-\overset{O}{\overset{\|}{C}}-OH + HO-R' \xrightarrow{-H_2O} R-\overset{O}{\overset{\|}{C}}-OR'$$

$$n\ HO_2C-\underset{\text{テレフタル酸}}{\text{C}_6H_4}-CO_2H + n\ \underset{\text{エチレングリコール}}{HO-CH_2CH_2-OH} \longrightarrow \underset{\text{PET}}{\{C-C_6H_4-C-O-CH_2CH_2-O\}_n}$$

$$R-\overset{O}{\overset{\|}{C}}-OH + H_2N-R' \xrightarrow{-H_2O} R-\overset{O}{\overset{\|}{C}}-NHR$$

$$n\ \underset{\text{アジピン酸}}{HO_2C-(CH_2)_4-CO_2H} + n\ \underset{\text{ヘキサメチレンジアミン}}{H_2N-(CH_2)_6-NH_2} \longrightarrow \underset{\text{ナイロン66}}{\{C-(CH_2)_4-C-NH-(CH_2)_6-NH\}_n}$$

図9・5 カルボン酸のエステル化・アミド化

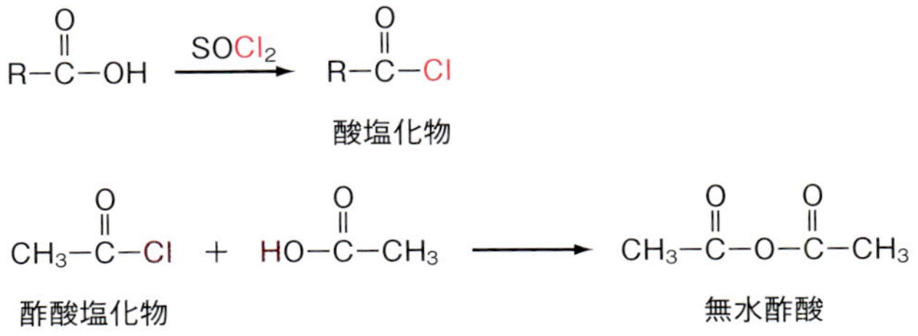

第9章 カルボン酸の反応

$$R-\overset{\overset{O}{\|}}{C}-OH \xrightarrow{SOCl_2} R-\overset{\overset{O}{\|}}{C}-Cl$$
酸塩化物

$$CH_3-\overset{\overset{O}{\|}}{C}-Cl + HO-\overset{\overset{O}{\|}}{C}-CH_3 \longrightarrow CH_3-\overset{\overset{O}{\|}}{C}-O-\overset{\overset{O}{\|}}{C}-CH_3$$
酢酸塩化物　　　　　　　　　　　　　　　無水酢酸

図 9・6 カルボン酸塩化物と無水酢酸の合成

B　酸塩化物と酸無水物（図 9・6）

カルボン酸を塩化チオニル $SOCl_2$ などで処理すると**酸塩化物**を生じる。酸塩化物をカルボン酸に反応させると**酸無水物**を生じる（5・4・1項参照）。酸塩化物や酸無水物はカルボン酸より反応性が高いので、エステルやアミドを作る原料として用いられる。

C　反応性の比較

カルボン酸の誘導体として、酸塩化物、酸無水物、エステル、アミド、カルボン酸イオンがあげられる。図 9・7 は、これらの相互変換と、その反応性の強さを表したものである。

酸塩化物 R-C(=O)-Cl が最も反応性が高く、カルボキシ陰イオン R-COO⁻ が最も低い。反応性の高い物から低い物を作ることはできるが、低い物から高い物を作ることは、カルボン酸そのものを除いては無理である。つまり、アミド R-C(=O)-NH_2 から作ることができるのはカルボン酸陰イオン R-C(=O)-O⁻ だけであり、たとえ塩化チオニルを作用させても酸塩化物が生じることはない。

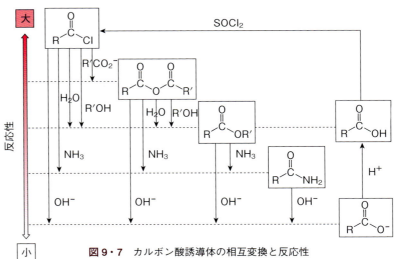

図 9・7　カルボン酸誘導体の相互変換と反応性
奥山 格 監修『有機化学』丸善出版（2008）より引用。

9・3 エステルの反応

エステルは2分子が反応して縮合体を与えることがある。

9・3・1 クライゼン縮合反応（図9・8）

カルボニル基の隣の炭素（α位）に水素を持つケトン**1**の縮合反応である。カルボニル基のα位にある水素は結合電子をカルボニル基に引かれているため、H^+として外れやすい。その結果、**1**は陰イオン**2**として作用することになる。

2が**1**を攻撃すると中間体アニオン**3**が生成する。ここで酸素上の負電荷（電子対）がC–O結合に移動すると、それに押し出されるようにしてアルコキシ基OR^2が陰イオンとして脱離する。その結果、β位にカルボニル基を持ったβ-ケトエステル**4**が生成する。

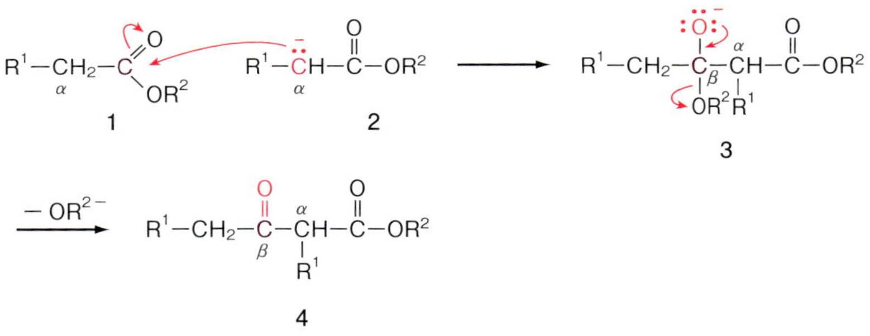

図9・8 クライゼン縮合

9・3・2 アシロイン縮合反応（図9・9）

エステルがラジカル中間体を経由して縮合する反応である。エステル**5**に金属ナトリウムを作用させると[*7]、ナトリウムからエステルに電子が移動してラジカルアニオン**6**[*8]が生成する。**6**が二量化するとジアニオン中間体**7**となる。ここで2個のOR基がアニオンとして脱離するとジケトン**8**となる。

しかし反応条件下では、**8**がさらにナトリウムによって還元されてジアニオン中間体**9**となる。これに溶媒からきたH^+が結合するとエノール中間体**10**となるが、これがケト化して最終生成物のα-ヒドロキシケトン**11**となる。

[*7] ナトリウムは、$Na \rightarrow Na^+ + e^-$の反応で電子を放出するので、還元剤として働く。反対に塩素は、$Cl + e^- \rightarrow Cl^-$の反応で電子を吸収するので、酸化剤として働く。

[*8] 一分子内に、ラジカル部分とアニオン（陰イオン）部分を持ったものを、ラジカルアニオンという。
同様に、ラジカル部分とカチオン（陽イオン）部分を持ったものをラジカルカチオンという。

図9・9　アシロイン縮合

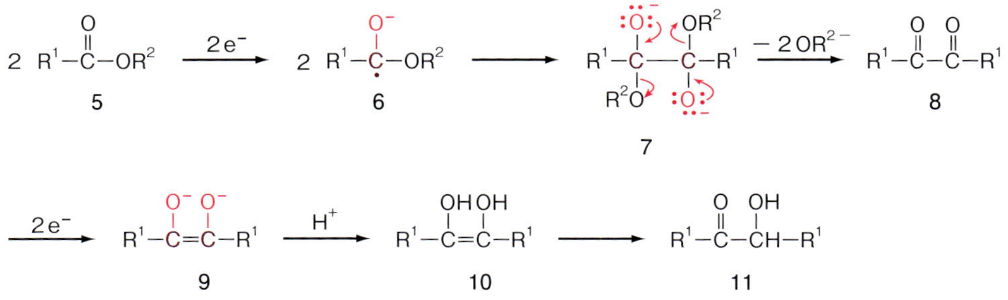

9・4　両親媒性分子の構造と機能

一分子内に親水性部分と疎水性部分を併せ持つ分子を**両親媒性分子**という。

9・4・1　両親媒性分子の構造

油脂を水酸化ナトリウムで処理すると、三価のアルコールであるグリセリンとカルボン酸のナトリウム塩が生成する（**図9・10**）。後者は一般に**セッケン**と呼ばれ、炭化水素からなる長鎖部分と、カルボン酸ナトリウム塩部分からできている。

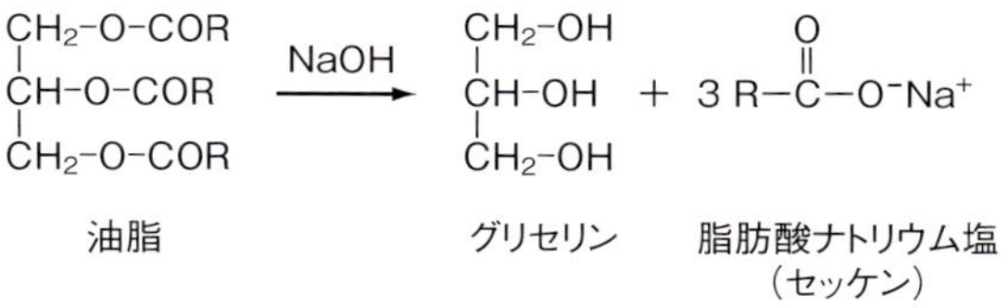

図9・10　油脂のけん化

炭化水素部分は水に溶けないので疎水性であり、ナトリウム塩部分は水に溶けるので親水性である。そのため、セッケンは両親媒性分子である。一般に洗剤や界面活性剤は両親媒性である（**図9・11**）。

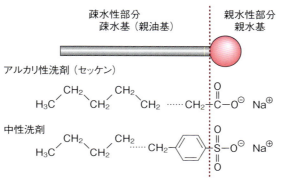

図9・11　界面活性剤の構造

9・4・2 分子膜

両親媒性分子を水に溶かすと、親水性部分を水中に入れ、疎水性部分を空中にとどめて界面に留まる。

濃度を高めると界面は一面に両親媒性分子で覆われる。この状態の両親媒性分子の集団は、あたかも膜のように見えるので**分子膜**[*9]と呼ばれる（図9・12）。

*9　1枚の分子膜を単分子膜、2枚重なったものを二分子膜、たくさん重なったものを累積膜、あるいはLB膜という。

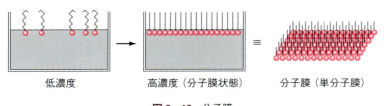

図9・12　分子膜

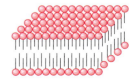

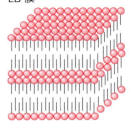

分子膜で重要なことは、膜を構成する分子の間に結合は存在しないということである。あるのはファンデルワールス力とか疎水性相互作用などの分子間力だけである。そのため、分子膜を構成する分子は膜内を自由に移動することができるだけでなく、膜から離脱することも、再度膜に復帰することも自由である。

9・4・3 分子膜の機能

分子膜は洗濯など多くの機能を持っているが、その最大のものは細胞膜としての機能であろう。

A　洗濯

洗濯とは、衣服に付いた油汚れを水で落とす作業である。油汚れは水には溶けないので洗剤が必要になる。水中の洗剤（両親媒性分子）は疎水性部分で油汚れに結合する。やがて油汚れは両親媒性分子で囲まれるが、この集団全体の外部は親水性部分で覆われている。つまり、この集団全体は水溶性となっているのである。そのため、油汚れは分子膜に覆われた状態で衣服から離れることになる[*10]（図9・13）。

*10　ドライクリーニングは、有機溶剤を用いて油汚れを除去する技術である。したがって、原則的に水溶性の汚れは落ちない。しかし、洗剤を用いると水溶性の汚れを落とすことができる。

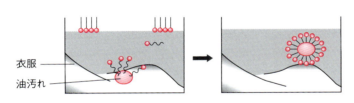

図9・13　界面活性剤の働き

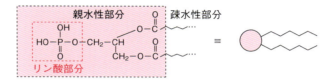

図9・14 リン脂質の構造

B 細胞膜

細胞膜はリン脂質からできた二分子膜である。リン脂質とは、油脂の分子のうち、1個のカルボン酸エステル部分がリン酸エステルに換わったものである。リン酸エステル部分は親水性である。したがってリン脂

Column　カルボン酸と鉛

酸味（酸っぱい味）は食品の味として重要なものであるが、酸味が過ぎると食べにくくなる。酸味というと、日本人にとっては食酢と梅干が両雄であろう。しかし、同じように酸味といっても食酢と梅干ではその成分が違う。食酢の酸味成分は酢酸であり、梅干しの成分はクエン酸である。

酸は金属と反応して塩(えん)を作る。酢酸と鉛が反応した酢酸鉛は大変に甘いことで知られている。それは酢酸鉛が鉛糖、土糖などと呼ばれることからも明らかである。

ローマ時代には、葡萄(ぶどう)の種類によるものか、あるいは醸造技術の稚拙さによるものか、その原因は明らかでないが、ワインが相当に酸っぱかったという。この酸味を除くのに彼らが考え出したのが、ワインを鉛の容器に入れて飲む、さらには鉛の鍋で加熱して飲むことだったという。このようにするとワインに含まれる酢酸が酢酸鉛となって甘くなる他、酒石酸も酒石酸鉛となって酸味が和らぎ、大変に飲みやすくなるのである。

しかし鉛は大変に有毒であり、特に神経を害する神経毒である。皇帝ネロはワインが好物であり、この鉛入りのワインを大量に飲んだという。ネロは狂気じみたことで有名であるが、若いころは聡明な人物であったという。その彼が皇帝になってから狂気になったのは、この鉛による中毒であったという説もある。

ベートーベンも鉛中毒の被害者であったという。彼の時代には、ワインの味を良くするため、酸化鉛 PbO_2 の粉をワインに振る風習があったという。そのおかげで神経をやられ、やがて難聴、全聾(ろう)になったというのである。

鉛の毒性はいろいろなところに影響を与えている。江戸時代など、昔の白粉(おしろい)の成分は酸化鉛であった。そのために命を縮めた遊女、歌舞伎役者もいたという。遊女は胸のあたりにまで白粉を塗ったため、授乳を通じて乳児が鉛を吸収し、被害にあったであろうと推測される。

また、徳川将軍家で5代目辺りから男児が誕生しにくくなったのは、大奥制度が確立し、大奥の女性が過度に白粉を用いるようなったのが一因との説もある。

酢酸　　　クエン酸　　　酒石酸

質には1個の大きな親水性部分と2本の疎水性部分があることになる（**図9・14**）。

　細胞膜は、このような構造の基本膜にタンパク質、脂質など多くの物質が挟み込まれたものである（p.126、図14・9参照）。この夾雑物は細胞膜内を移動することもできれば、細胞膜から離脱することも、また、復帰することもできる。細胞膜のこのようなダイナミックさこそが生命のダイナミズムを支えるものなのである。

演習問題

9.1　次の酸の構造式を書け。
　　　安息香酸、シュウ酸、コハク酸、テレフタル酸、クエン酸
9.2　テレフタル酸が水素結合したら、どのような構造体になるか。
9.3　酢酸がギ酸より弱酸なのはなぜか。
9.4　グリニャール試薬と二酸化炭素の反応機構を書け。
9.5　ニトリル基が水と反応してカルボキシ基になる反応機構を書け。
9.6　カルボン酸とアミンの反応機構を書け。
9.7　アシロイン縮合の反応機構を書け。
9.8　酸塩化物がカルボン酸より反応性が高いのはなぜか。
9.9　両親媒性分子が水中に入らず、界面に留まるのはなぜか。
9.10　ドライクリーニングは有機溶媒（油）で汚れを落とす作業である。ドライクリーニングで水溶性の汚れを落とすにはどうすればよいか。

第10章 転位反応

　分子式が同じで構造式の異なるものを互いに異性体という。分子が異性体に変化する反応を異性化という。異性化のうち、原子、原子団の移動を伴うものを転位反応という。転位反応には重要なものが多く、複雑な反応機構を伴うものもある。そのため、転位反応を理解するには、第9章までを十分に理解していることが必要である。もし分かりづらいと感じたなら、その都度、以前の関連章を復習することが大切である。そのようにすると、有機化学の理論が体得でき、有機化学が決して「暗記モノ」ではないことが理解できるであろう。

10・1 転位反応一般

　転位反応とはどのようなものかを明らかにするために、似たような反応、すなわち異性化、転位、互変異性の各反応の典型的な例を比較してみよう。

10・1・1 シス・トランス異性化（図10・1）

　シス・トランスの異性化[*1]が起こるためには、C=C 二重結合が回転しなければならない。もちろんこれは不可能であり、回転するためにはπ結合が切断されなければならない。しかし、シス・トランス異性化によって原子や原子団の移動、すなわち、結合順序の変化は起きていない。したがってこれは転位反応ではない。

*1　本章の反応を"転移反応"といわずに"転位反応"というのは、反応に伴って、反応中心の原子団がある"位置"から別の"位置"に転じる（移動する）からである。
その例の一つが 10・2・1 ワグナー–メーヤワイン転位である。この反応では、メチル基が"隣の位置に転じ"ている。

図10・1　シス・トランスの異性化

10・1・2 コープ転位（図10・2）

　図10・2の変化は**コープ転位**と呼ばれる転位反応である。**1** と **2** は同じ分子のようであるが、例えば、**1** の C^1 位を炭素の同位体の一つ ^{13}C に換えれば、**1** と **2** が異なる分子であることがわかる。
　1 での結合順序は 1-2-3-4-5-6 であるが、**2** では 3-2-1-6-5-4 であり、明らかに両者で結合順序が異なっている。したがってこれは転位反応である。

図10・2 コープ転位[*2]

10・1・3 ケト・エノール互変異性（図10・3）

ケトンのケト形とビニルアルコールのエノール形の間の相互変化である。ケト形では問題の水素は炭素に付いているが、エノール形では酸素に付いている。すなわち、原子の移動が起き、結合順序が変化している。したがってこれは転位反応である[*3]。

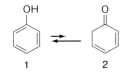

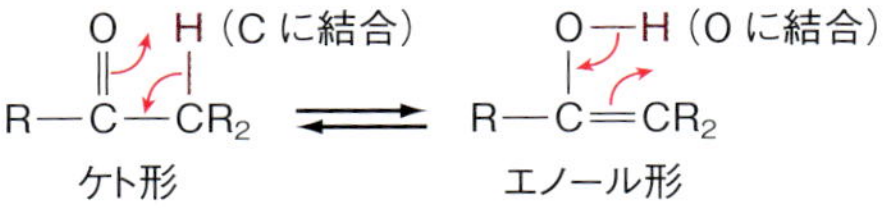

図10・3 ケト・エノール互変異性

[*2] コープ転位にも遷移状態と活性化エネルギーが存在する。そのため、低温にすればコープ転位は停止し、図10・2の **1** と **2** は、少なくともスペクトル的には区別できる。

[*3] フェノール **1** はエノール体であり、**2** はケト体である。

この互変異性は100%、**1** に傾いている。それは **1** が芳香族で安定だからである。

10・2 アルコール、エーテルの転位反応

アルコール誘導体は、ヒドロキシ基がアニオンとして脱離してカチオンとなるため、カチオンの安定化に向けた転位が起こる。実例を見てみよう。

10・2・1 ワグナー–メーヤワイン転位（図10・4）

アルコールの転位反応であるが、本質は中間体のカチオンを安定化させるようにアルキル基が転位する反応である。

アルコール誘導体 **1** に酸、例えば塩酸 HCl を作用させると、ヒドロキシ基に H^+ が付加（プロトネーション）して **2** となった後、水を脱離して中間体カチオン **3** が生成する。

3 は第一級カチオンであり、カチオン炭素に結合するアルキル基はただ1個なので安定カチオンとは言い難い。しかし、図に示したようにアルキル基がカチオン炭素に移動（転位）して **4** となると、アルキル基を3個持った第三級カチオンとなって安定化することができる。**4** にアニオン（塩化物イオン）が付加すれば最終生成物 **5** となる。

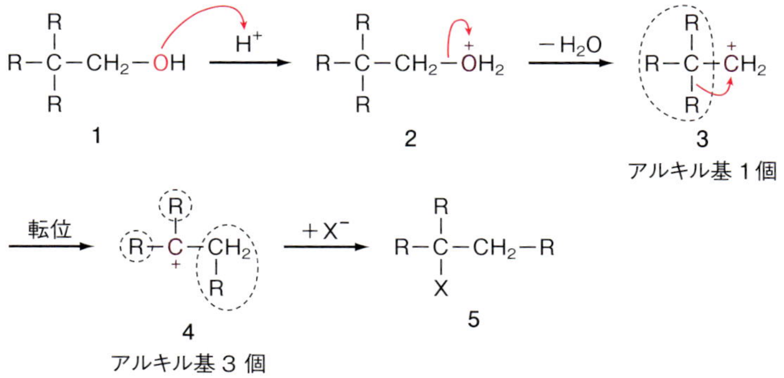

図 10・4 ワグナー-メーヤワイン転位

10・2・2 ピナコール-ピナコロン転位（図 10・5）

酸触媒の下、1,2-ジオールがケトンに転位する反応である。図のピナコール **1** からピナコロン **4** への転位で発見された反応なので、このような名前で呼ばれている。

反応機構は次のようである。H^+ が **1** の 1 個のヒドロキシ基に付加してイオン中間体 **2** となり、水が脱離して中間体 **3** となる。**3** のヒドロキシ基において、H–O 結合の電子が O–C 結合に移動し、それに追い出されるように置換基 CH_3 が移動すると **4** になる。

置換基が移動する際は電子供与性の大きいものが移動しやすく、一般的に次の順序になることが知られている。

アルキル基 ＞ アリール基（フェニル基など）＞ ヒドロキシ基

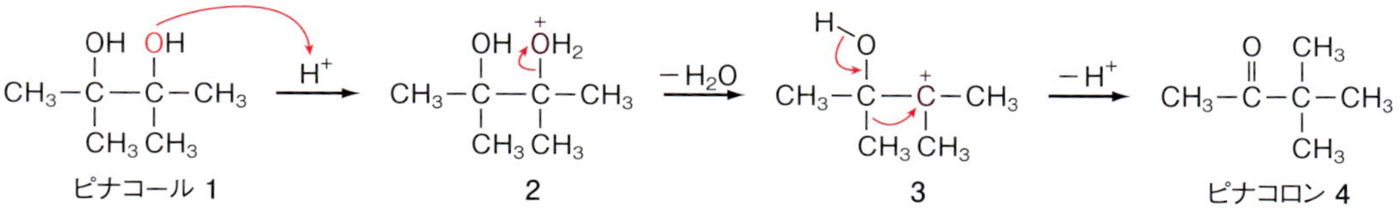

図 10・5 ピナコール-ピナコロン転位

10・2・3 ウィッティヒ転位（図 10・6）

酸素は電気陰性度が大きく、結合電子を引き付けるため、エーテル酸素の α 位[*4]の水素は H^+ として脱離しやすい。H^+ が脱離した後の炭素はアニオンとなって求核性を発揮する。

α 位に水素を持つエーテル **1** を塩基で処理するとアニオン **2** となる。これがエーテルに結合したアルキル基を求核攻撃すると酸素がアニオン中心となった **3** となる。これに H^+ が付けば最終生成物 **4** となる。

*4 α、β、γ 位の決め方
CH_3–CH_2–CH_2–H–O–R
　γ　β　α
注目している原子（原子団）の隣が α 位、次が β 位、さらにその次が γ 位となる。

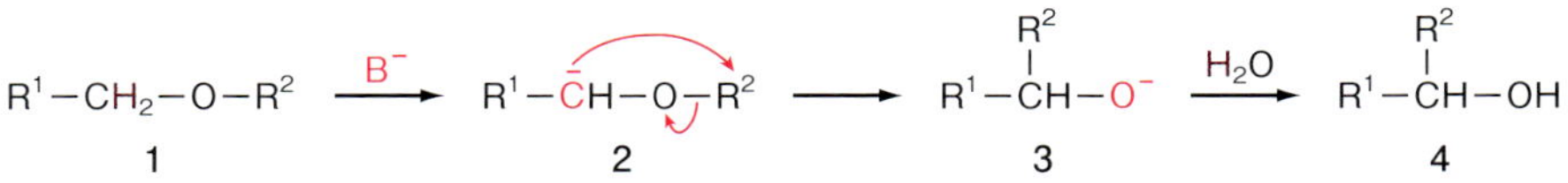

図10・6 ウィッティヒ転位

10・2・4 スマイルス転位（図10・7）

アルコール、エーテル、アミンなどの分子が起こす転位にスマイルス転位がある。典型的な例は化合物 **1** である。すなわち、フェニル基に対して α 位に酸素を持ち、側鎖の末端にアミノ基を持つ化合物である。これを塩基で処理するとアニオン **2** が生成する。このアニオン窒素がベンゼン環を攻撃すると、同一炭素で2個の環構造が連結したスピロ中間体[*5] **3** ができる。**3** でC-O結合が切断すればアルコール **4** となる。

[*5]  のように、1個の炭素を介して2個の環構造が連結したものを一般にスピロ体という。

直交する二個の平面

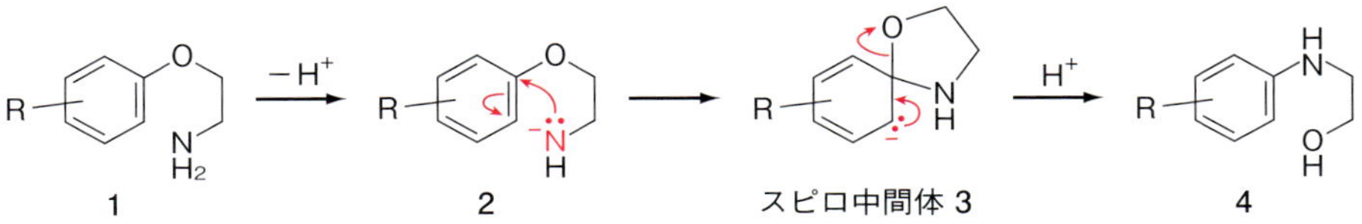

図10・7 スマイルス転位

10・3 ケトン、アルデヒドの転位反応

ケトンやアルデヒドなど、カルボニル基を持つ化合物は反応性が高く、それだけに転位反応の種類も多く知られている。

10・3・1 ファヴォルスキー転位（図10・8）

α 位にハロゲンを持つケトン（α-ハロケトン）[*6] **1** は、塩基で処理するとカルボン酸 **7** になる。

[*6] ハロゲン元素を持つケトンを一般にハロケトンといい、ハロゲン元素の位置に応じて、α-ハロケトン、β-ハロケトンという。

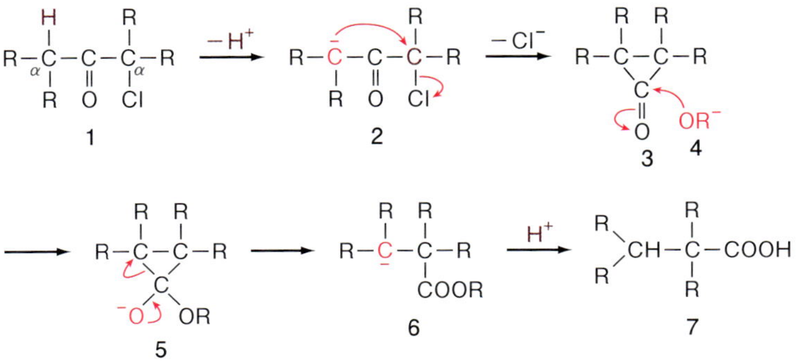

図10・8 ファヴォルスキー転位

α-ハロケトン **1** が塩基によって α 位の水素を引き抜かれるとアニオン中間体 **2** となる。**2** のアニオン炭素がハロゲンを持つ α 炭素を攻撃するとハロゲンがアニオンとして脱離し、三員環ケトン中間体 **3** となる。**3** のカルボニル炭素をアルコキシアニオン **4** が攻撃すると、カルボニル基の酸素がアニオンとなって **5** となる。**5** のアニオン酸素の電荷が C–O 結合に戻ると三員環が開裂して **6** となり、**6** に H⁺ が付加すると最終生成物のエステル **7** となる。

10・3・2　ベンジル酸転位（図 10・9）

ベンジル **1** を塩基で処理するとベンジル酸 **4** となる反応である。ベンジル **1** のカルボニル基を塩基が攻撃すると、カルボニルが立ち上がってアニオン **2** となる。立ち上がったカルボニルが元に戻ると、押し出されるようにフェニル基がもう 1 個のカルボニル基を求核攻撃するように移動し、アニオン **3** を与える。**3** に H⁺ 付加すると最終生成物のカルボン酸 **4** となる。

立ち上がったカルボニルが戻るときに C–C 結合の切断が起こるメカニズムは、先のファヴォルスキー転位と似ている。

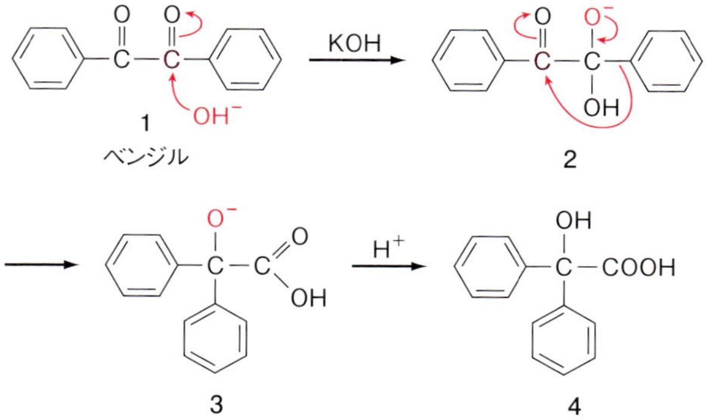

図 10・9　ベンジル酸転位

10・3・3　デーキン転位（図 10・10）

芳香族ケトンあるいは芳香族アルデヒド **1** が過酸化水素 HOOH と反応してフェノール **4** に転位する反応である。

カルボニル化合物 **1** のカルボニル炭素に過酸化水素アニオンが求核攻撃すると、カルボニルが立ち上がってアニオン **2** となる。カルボニルが戻るときにフェニル基が脱離し、過酸化水素由来の酸素を攻撃すると水酸化物イオンが脱離して中間体のフェノールエステル **3** となる。**3** が加

水分解されればフェノール **4** となる。

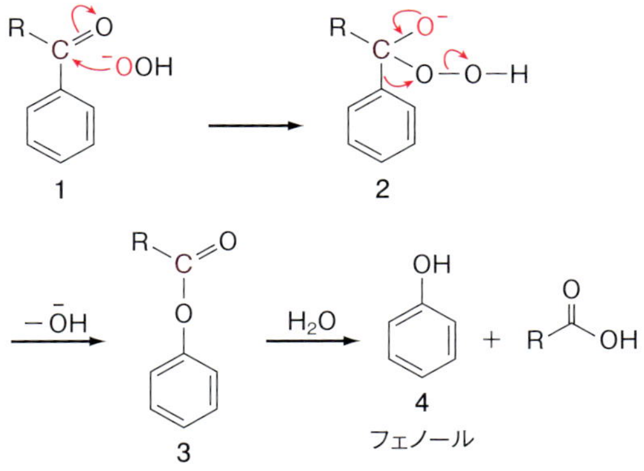

図 10・10 デーキン転位

10・3・4 ウルフ転位（図 10・11）

ジアゾケトン **3**、**4** の転位反応である。ジアゾケトンは酸塩化物 **1** とジアゾメタン **2** から得られるが、不安定な化合物であり、反応性中間体の一種である。したがって、ウルフ転位は酸塩化物から始まる一連の反応と考えることもできる。なお、ジアゾメタンも不安定な化合物であり、爆発することもあるので取扱いには注意が必要である。

ジアゾケトンはカルベン **5** の母体として知られ、窒素分子を放出して **5** になる。**5** は大変に不安定な中間体であり、直ちに転位してケテン **6** となるが、ケテンも不安定であり、直ちに加水分解してカルボン酸 **7** となる[*7]。

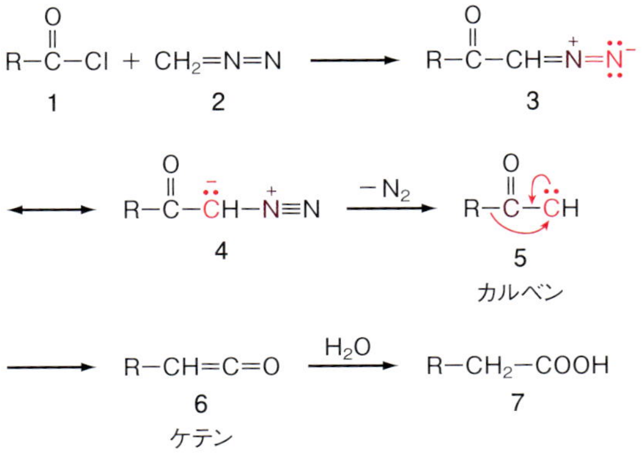

*7 X=Y=Z のように、二重結合が連続した結合を一般的にクムレン結合という。

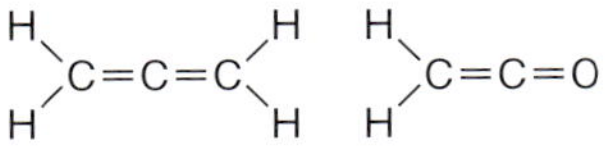

$H_2C=C=CH_2$ アレン　　$H_2C=C=O$ ケテン

$R-N=C=O$ イソシアナート　　$R-N=C=S$ イソチオシアナート

などがある。

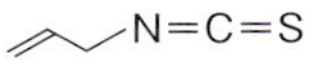

$\diagup\!\!\!\diagdown N=C=S$ はワサビなどの辛味成分である。

図 10・11 ウルフ転位

10・4 エステル、アミドの転位反応

エステルやアミドあるいはオキシムの転位反応には重要なものが多い。

10・4・1 フリース転位（図10・12）

フェノールエステル**1**の転位反応で、アシル基RCOがオルト位やパラ位に転位したアシルフェノール**7**、**8**を与える。

1にルイス酸である塩化アルミニウムAlCl$_3$を作用させると、アルミニウムの空軌道とフェノール酸素の非共有電子対の間で配位結合が生成し、双極性分子**2**が生成する。**2**においてアシル基**4**がカチオンとして外れるとアニオン**3**が生じる。ここでO–Al結合電子がO–C結合に入り、芳香環の電子が**5**のように移動するとアシル基がオルト位に入ったアニオン**6**が生成し、これがプロトンを捕まえるとオルト置換体**7**となる。また、**3**においてアシル基がパラ位に入るとパラ置換体**8**となる[*8]。

*8 この置換反応の配向性は温度によって変化し、低温ではパラ置換体**8**が多く、高温ではオルト置換体**7**が多く生成する。

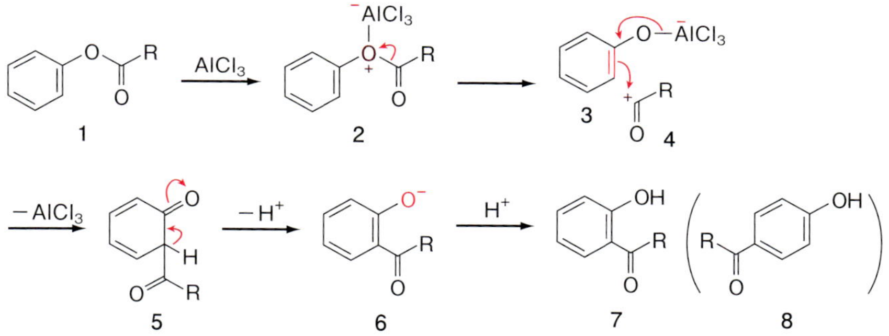

図10・12 フリース転位

10・4・2 ベックマン転位（図10・13）

ケトン**1**にヒドロキシルアミン**2**を作用させるとオキシム**3**が生成する。**ベックマン転位**は、オキシムが酸触媒存在下でアミド誘導体**7**に転位する反応である。

オキシム**3**のヒドロキシ基にH$^+$付加して水が脱離すると、窒素上に陽電荷のあるカチオン**4**が生成する。ここで炭素上の置換基が窒素に転位すると、炭素上に陽電荷のあるカチオン**5**となる。**5**のカチオン炭素が水を捕まえるとエノール体**6**となり、これがケト化すると最終生成物のアミド誘導体**7**となる。

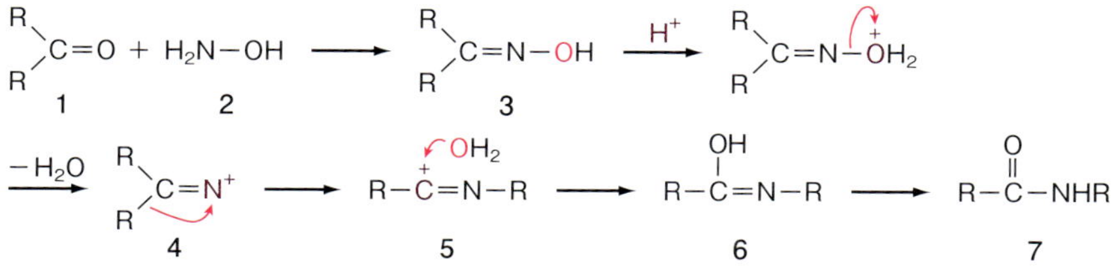

10・4 エステル、アミドの転位反応 | 89

図 10・13 ベックマン転位

10・4・3 ホフマン転位（図 10・14）

アミド 1 からカルボニル基が脱離してアミン 6 となる反応である。途中で不安定中間体のナイトレンを経由する。

アミド 1 に塩基性条件下で臭素を作用させると、アミノ基に臭素が置換した 2 となる。2 から臭化水素 HBr が脱離すると、一価の窒素化合物であるナイトレン[*9] 3 が発生する。3 は不安定であり、先に見たウルフ転位におけるカルベンに相当するものである。

3 で置換基が窒素上に転位するとイソシアナート 4 が生成する。4 は水との反応性が高く、直ちに加水分解されて 5 となる。5 から二酸化炭素が脱離（脱炭酸）するとアミン 6 となる。

*9 一般に、$-\ddot{N}$ のように一個の置換基しか持たない窒素をナイトレンという。
炭素のカルベン $>C:$ に対応するものであり、不安定で高い反応性を持つ。

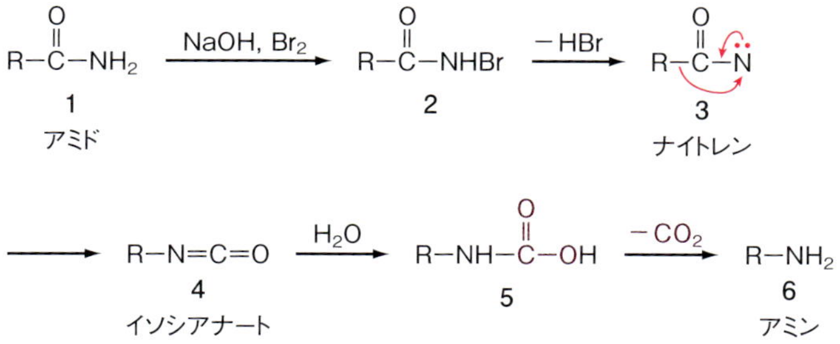

図 10・14 ホフマン転位

Column 結合異性

コープ転位は面白い現象を起こす。下の化合物 **1** がコープ転位に似た転位反応を起こすと **2** になる。化合物 **3** は **1** の1位と5位を結合したものであり、同様の転位によって **4** となる。

これらの転位反応は急速に起こるため、1位と5位は区別がつかなくなり、同様に2,8位と6,4位も区別がつかなくなる。結局、これらの化合物では、炭素は (1,5)、(2,4,6,8)、(3,7) の三種類しかないことになる。

これがさらに究極まで進んだ化合物が **5** であり、この化合物では全ての炭素が同じになって区別ができなくなる。

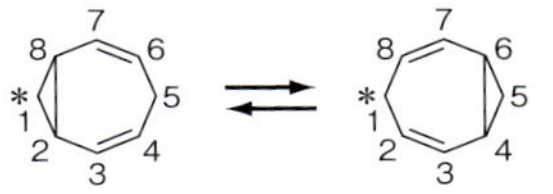

5
1=7=8
2=6=9
3=5=10

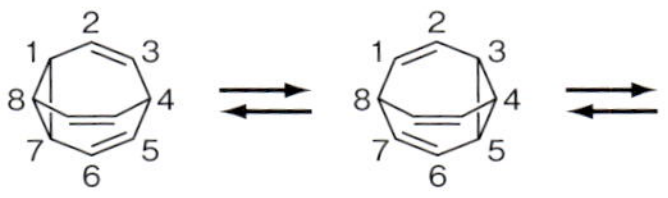

6
3=4=5
2=6=10
1=7=9

… 全ての炭素が等価になる

∴ 1=2=3=4=5=6=7=8=9=10

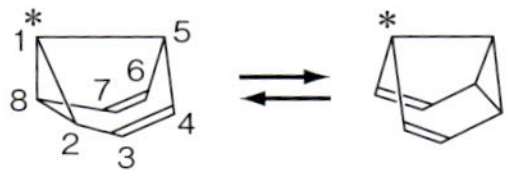

演習問題

10.1 ピナコール–ピナコロン転位の反応機構を書け。

10.2 ベンジル酸転位の反応機構を書け。

10.3 フリース転位の反応機構を書け。

次の反応の生成物と反応機構（問10.6、10.9では反応機構のみ）を書け。

10.4 ワグナー–メーヤワイン転位

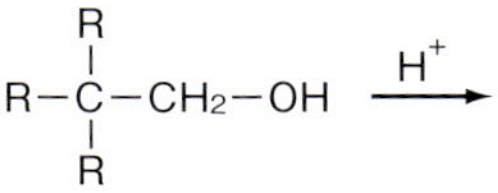

$$R\text{-}\underset{\underset{R}{|}}{\overset{\overset{R}{|}}{C}}\text{-}CH_2\text{-}OH \xrightarrow{H^+}$$

10.5 ウィッティヒ転位

$$R^1\text{-}CH_2\text{-}O\text{-}R^2 \xrightarrow{B^-}$$

10.6 ファヴォルスキー転位

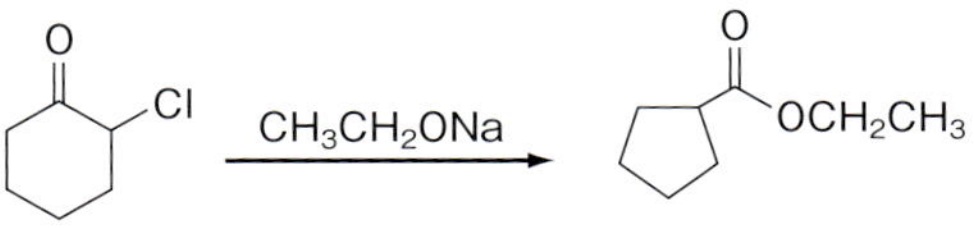

10.7 デーキン転位

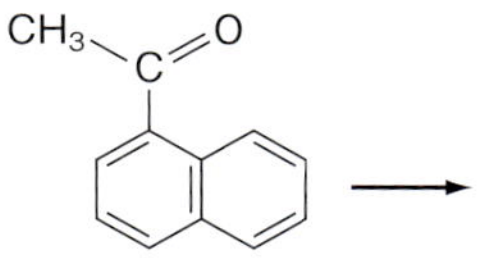

10.8 ウルフ転位

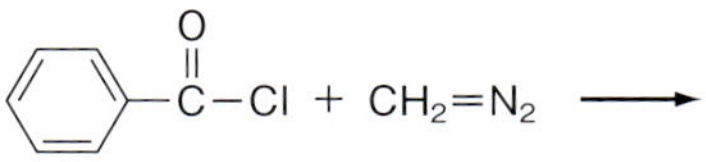

10.9 ベックマン転位

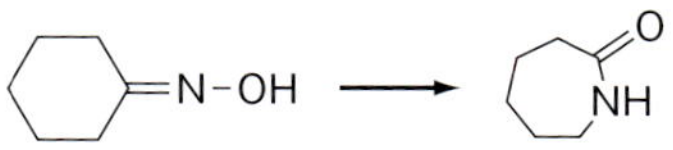

→ カプロラクタム

10.10 ホフマン転位

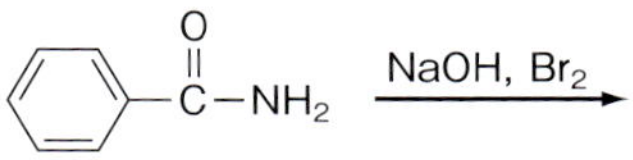

第11章 芳香族の反応

　ベンゼンに代表される芳香族化合物は各種化合物の原料であり、重要な物質である。一般に安定であり、反応性に乏しいが、芳香族置換反応と呼ばれる一群の反応には活性である。芳香族の合成反応の多くは、芳香族置換反応によって置換基を導入し、その後、その置換基を化学的に変化させることで各種の芳香族誘導体を作ることになる。また、ジアゾカップリング反応は、各種の色素、染料を作る反応として重要である。

11・1　芳香族の反応性

　芳香族[*1]の典型は**ベンゼン**である。芳香族の反応を見る前に、ベンゼンの構造、結合状態、電子状態、および、安定性、一般的な反応性などについて見ておこう。

*1　芳香族の"芳香"は"良い香り"という意味であるが、芳香族と芳香は関係がない。芳香族の代表であるベンゼンは特有の刺激臭を持つし、芳香族であるピリジン（下図）は典型的な悪臭化合物である。

11・1・1　ベンゼンの構造

　ベンゼンは環状共役化合物の一種であり、6個のsp²混成炭素が環状に連結した化合物である（図11・1）。各炭素に3個ずつあるsp²混成軌道はC-Cσ結合とC-Hσ結合を作り、各炭素に1個ずつある2p軌道はC-Cπ結合を作る。

　このため、6本のC-C結合は全て等しく、炭素環上には非局在化した6個のπ電子からなる電子雲が存在する（図11・2）。したがって、ベンゼンの構造は図11・3のAでもBでもなく、その中間のようなものとなる。これを共鳴式Cで表したり、環内に円を描いた構造Dで表すことがある。

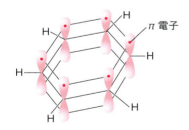

図11・1　ベンゼンの構造

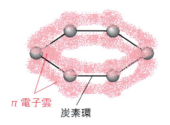

図11・2　ベンゼンの非局在π電子雲

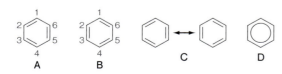

図11・3　ベンゼンの表記法

11・1・2 ベンゼンの反応性

ヒュッケル則によれば、環状化合物で環内に $(4n+2)$ 個の π 電子を持つ化合物は芳香族性を持つことになり、そのためベンゼンは芳香族として安定化する。

芳香族であるベンゼンはその安定性を保つため、ベンゼン骨格を破壊するような変化には抵抗する。これが、ベンゼンの反応性が低い理由である。すなわち、ベンゼンの二重結合に付加反応が起これば共役系が切断され、π 電子数は4個となって芳香族性を失う。そのため、ベンゼンは例外的な場合を除いて付加反応は行わない[*2]。

しかし、水素を他の置換基に置き換える反応（置換反応）ではベンゼン環の構造は保持される。これが芳香族置換反応の進行する理由である。

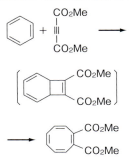

*2 ベンゼンの例外的な付加反応に次の環状付加反応がある。

しかし、この反応は触媒（$AlCl_3$）がないと進行しない。

11・2 芳香族置換反応

芳香族置換反応は求電子置換反応（electrophilic substitution reaction、S_E 反応）の一種であり、先に見た求核置換反応（S_N 反応）の反対である。すなわち求電子試薬の攻撃による置換反応である。

11・2・1 反応機構

芳香族の典型であるベンゼンで明らかな通り、芳香環の炭素環上には環状の非局在 π 電子雲が存在する。これは、芳香環は電子リッチ（豊富）であることを示すものである。このような芳香環を攻撃できる試薬は電子プアー（不足）なものに限られる。つまり、芳香環への攻撃は求電子試薬の求電子攻撃ということになる。

A 求電子攻撃の表現

求電子試薬となるための条件は"電子が不足"していることであり、その条件を満たす最高のものはカチオンである。次はルイス酸、すなわち空軌道を持っているものであり、その多くは金属元素、特に周期表で1～2族の典型金属元素である。

求電子反応の反応機構を表現する場合に重要なことは"小曲矢印"の"描き方"である。小曲矢印は、"原子団の物理的な移動方向"ではなく"電子もしくは電子対の動き"を表す約束である。したがって、電子対を持っていない求電子試薬は小曲矢印の起点にはなりえない。求電子試薬は"攻撃される側"として、小曲矢印の"的（まと）"となる以外ない（3・5・2項参照）。

B 芳香族置換反応の反応機構

芳香環への求電子攻撃で、求電子試薬を迎え撃つのは芳香環の π 電子である。これを表現するのは芳香環の二重結合（の π 電子）である。したがって小曲矢印の起点は二重結合となる。

典型的な表現は**図 11・4**のようになる。すなわち、ベンゼン環 **1**（6 個の H のうち、置換される H だけを表記）の二重結合が求電子試薬 X^+ に向かって伸びてゆく。その結果生じるのはカチオン中間体 **2** であり、ここから H^+ が外れると置換体 **3** となる。

芳香族置換反応の種類の違いは求電子試薬 X^+ の違いであり、反応機構は全て完全に同じである[*3]。

*3 ベンゼンの置換反応は、"置換基が別の置換基に置き換わる"のではなく、"水素が置換基に置き換わる"反応である。したがって、普通は、

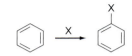

と書くが、丁寧に書けば、

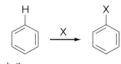

となる。

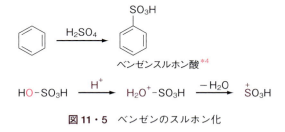

図 11・4 芳香族置換反応の反応機構

11・2・2 反応の種類

主な芳香族置換反応には以下のものがあるが、問題になるのは求電子試薬の構造とその生成機構である。

○ スルホン化（図 11・5）

ベンゼンに濃硫酸 H_2SO_4 を反応させるとベンゼンスルホン酸が生じる。試薬は硫酸から生じたスルホニウムイオン SO_3H^+ である。

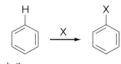

図 11・5 ベンゼンのスルホン化

*4 ベンゼンスルホン酸は、カルボン酸より強い酸である。

○ ニトロ化（図 11・6）

ベンゼンに硝酸 HNO_3 と硫酸を作用させるとニトロベンゼンが生じる。試薬は硝酸から生じたニトロニウムイオン NO_2^+ である。

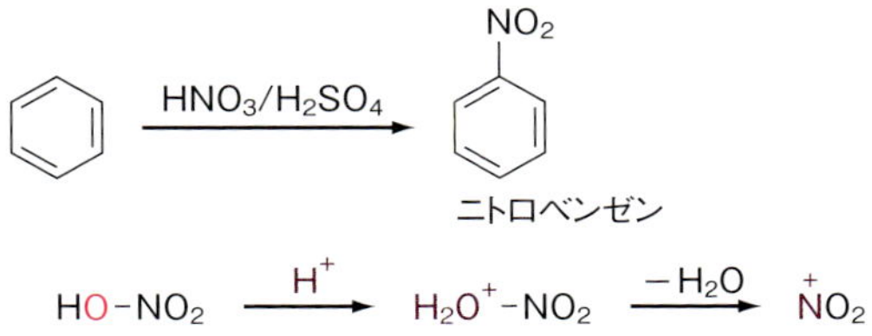

図 11・6　ベンゼンのニトロ化

○ 塩素化（図 11・7）

ベンゼンに鉄（塩化鉄（Ⅲ））$FeCl_3$ 存在下で塩素 Cl_2 を作用させると塩化ベンゼンが生じる。試薬は塩素と鉄の反応から生じた塩素カチオン Cl^+ である。

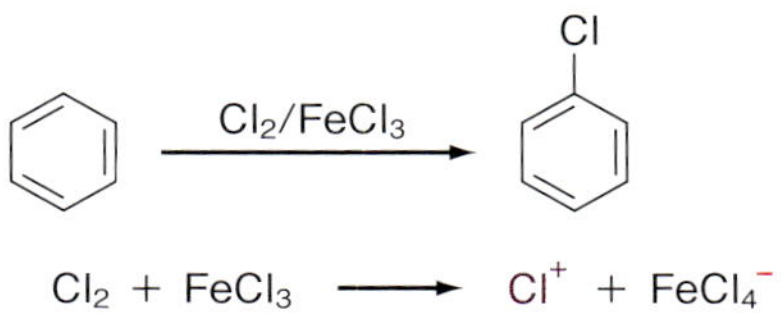

図 11・7　ベンゼンの塩素化

*5　C. フリーデルと J. クラフツが開発した反応。

○ フリーデル-クラフツ反応[*5]（図 11・8）

ベンゼンに塩化アルミニウム $AlCl_3$ 存在下で塩化アルキル R–Cl を作用させるとアルキルベンゼンが生じる。試薬は R–Cl と $AlCl_3$ から生じたアルキルカチオン R^+ である。

同様の反応条件下で酸塩化物 RCOCl を作用させるとアシルベンゼンが生成する。試薬はアシルカチオン RCO^+ である。この反応は合成的に有用であり、特に**フリーデル-クラフツ アシル化反応**と呼ばれる。

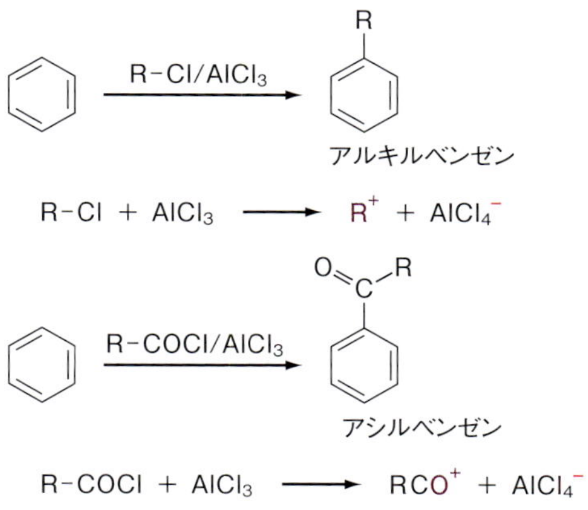

*6　フリーデル-クラフツ反応は、ベンゼン環に炭素を結合させる反応として重要である。

図 11・8　フリーデル-クラフツ反応[*6]

11・3 配向性

　一置換ベンゼンに置換反応を行う場合、新しい置換基がどの位置に入るかを**配向性**という（3・4節参照）。置換基には、次に結合する置換基をオルト・パラ位に誘導するオルト・パラ配向性と、メタ位に誘導するメタ配向性の置換基がある（**図 11・9**）。

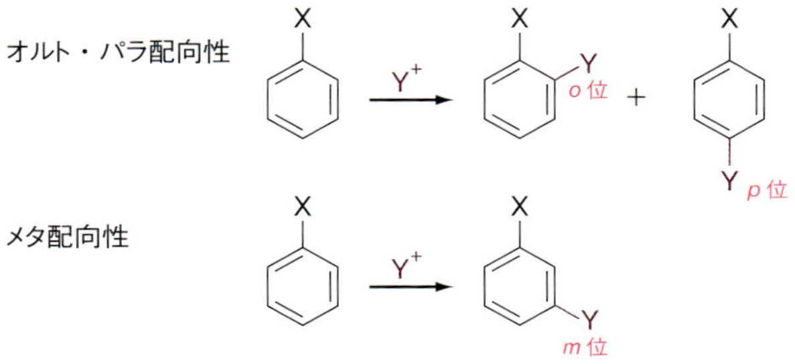

図 11・9　ベンゼンの配向性

11・3・1　オルト・パラ配向性

　オルト・パラ配向性置換基には二通りがある。

A　非共有電子対に基づく効果

　塩素、酸素、窒素などは、非共有電子対をベンゼンの π 系に非局在化させることにより、ベンゼン環に π 電子を供給することができる。供給された π 電子は特定の位置に多くなるが、その位置は**図 11・10**の共鳴式に見るように、オルト・パラ位となる。そのため、求電子攻撃は電子の多い（電子密度の高い）オルト・パラ位に起こることになる。

　しかし、このような原子の電気陰性度は炭素より大きい。そのため、誘起効果により、σ 結合を通じてベンゼン系の σ 電子を置換基の方に求引する。したがって、ベンゼン環には、非共有電子対による π 電子供給と、誘起効果による σ 電子求引という互いに逆向きの効果が働くことになる。

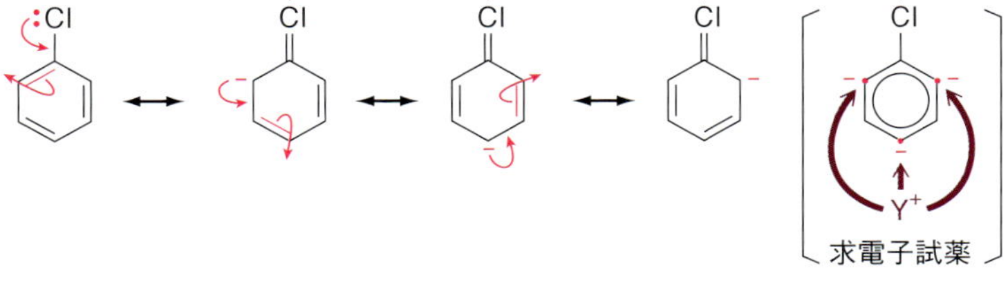

図 11・10　塩化ベンゼンの共鳴構造式

B　超共役効果に基づく効果

メチル基などのアルキル基は**超共役効果**を起こすことが知られている。これは H を H^+ として外す作用であり、この結果、残りのアルキル基部分は負に荷電することになり、その電荷がベンゼン環に流れ込む。電荷の溜まる位置はオルト・パラ位である（**図11・11**）。

このような置換基には電子を求引する作用はないので、ベンゼン環には電子が多くなる一方であり、求電子試薬の攻撃を受けやすくなる。

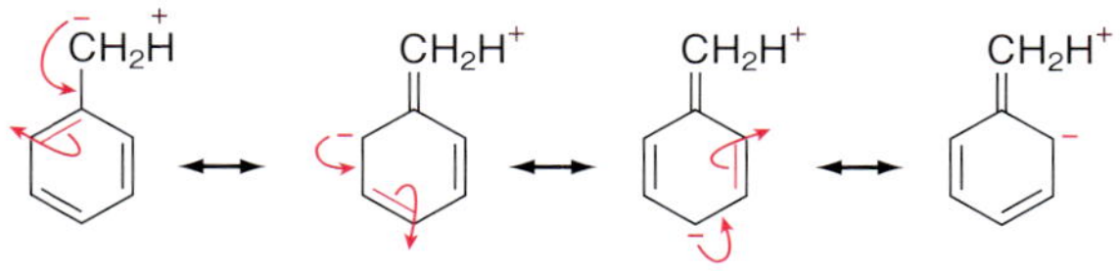

図11・11　トルエンの共鳴構造式

11・3・2　メタ配向性

ニトリル基、カルボニル基などの電子求引性置換基が付くと、ベンゼン環の電子は少なくなる。その位置は、**図11・12**に示すようにオルト・パラ位で顕著になる。その結果、求電子試薬は電子の少ないオルト・パラ位を避けてメタ位を攻撃することになる。しかし、ベンゼン環全体の電子密度が下がっているので、求電子試薬の攻撃性は落ちることになる[*7]。

[*7] メタ配向性は"進んでメタ位に行く"というのではなく、"メタ位しか行くところがない"というニュアンスである。

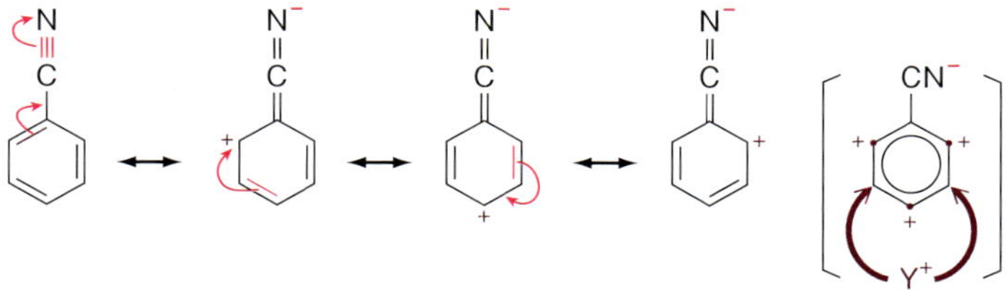

図11・12　ベンゾニトリルの共鳴構造式

11・4　芳香族のその他の反応

芳香環は付加反応を起こしにくいが、光照射や触媒等、特殊な条件下では付加反応を起こす。

11・4・1　付加反応（図11・13）

ベンゼンに光照射の下、塩素を反応させると3モルの塩素が付加し、ベンゼンヘキサクロリド（BHC）となる。また、白金 Pt、パラジウム Pd

などの金属触媒存在下、高圧で水素を反応させると3モルの水素が付加し、シクロヘキサンとなる。

11・4・2 ベンザイン反応（図 11・14）

イプソ位（置換基の付け根）の炭素を ^{13}C にした塩化ベンゼン **1** に、液体アンモニア中でナトリウムアミド $NaNH_2$ を作用させると、2 種類のアニリン **2**、**3** が生じる。通常の置換反応（図 11・4 参照）では **1** の塩素がアミノ基に置換した **2** だけが生成するはずで、**3** は生じえない生成物である。

3 が生じたのは、**1** から中間体として三重結合化合物 **4** が生成したからである。**4** はベンザインと呼ばれ、非常に反応活性の高い不安定中間体である[*8]。

*8 三重結合は、アセチレン H-C≡C-H の例のように、4 原子が直線に並ぶ。このような構造を六員環（ベンゼン）に組み込むことは不可能である。そのため、ベンザインの三重結合は不完全で不安定であり、結果として高い反応性を持つことになる。

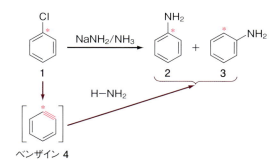

図 11・14　アニリンの生成反応

11・5　置換基の反応

ベンゼン誘導体の置換基を化学変化させることによって、他の誘導体に変えることができる。

*9 安息香酸は、安息香という植物香料の中から見つかった酸なので、このような名前が付いた。しかし、安息香酸には何の香りもない。

*10 2個のカルボキシ基がパラ位についた

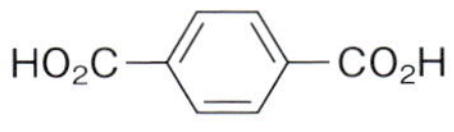

$HO_2C-\bigcirc-CO_2H$

はテレフタル酸と呼ばれ、高分子であるペット（PET）の原料になる（9・2・2項参照）。

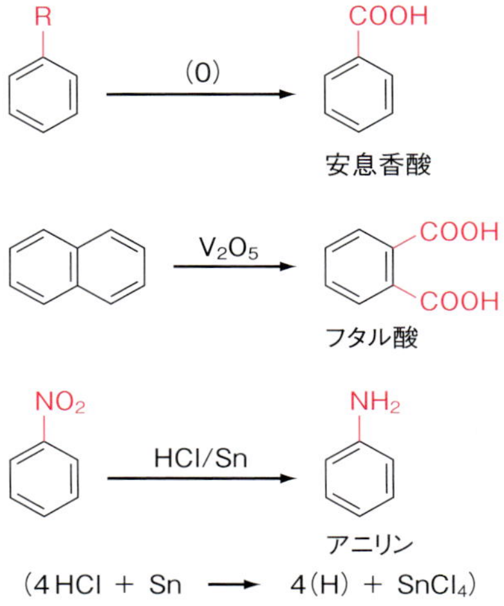

11・5・1 酸化・還元反応（図11・15）

アルキルベンゼンを酸化すると、アルキル基の種類に関係なく安息香酸[*9]が生成する。また、ナフタレンを五酸化バナジウム V_2O_5 で酸化するとフタル酸[*10]が生じる。

ニトロベンゼンを塩酸とスズで還元するとアニリンとなる。

(4 HCl + Sn → 4(H) + $SnCl_4$)

図11・15 ベンゼン誘導体の酸化還元反応

11・5・2 フェノール合成（図11・16）

ベンゼンスルホン酸を固体水酸化ナトリウムとともに高温で加熱（アルカリ融解）するとナトリウムフェノキシドが得られ、この水溶液に二酸化炭素を吹き込むとフェノールとなる。また、塩化ベンゼンに水酸化ナトリウムを作用させても、ナトリウムフェノキシドを経てフェノールとなる[*11]。

*11 ベンゼン環に複数のヒドロキシ基が付いたものは、一般にポリフェノールと呼ばれる。下式は典型的なものである。

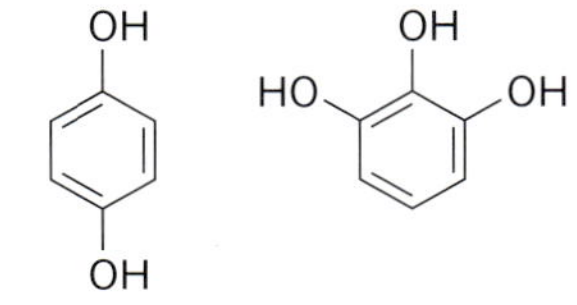

ヒドロキノン　　ピロガロール

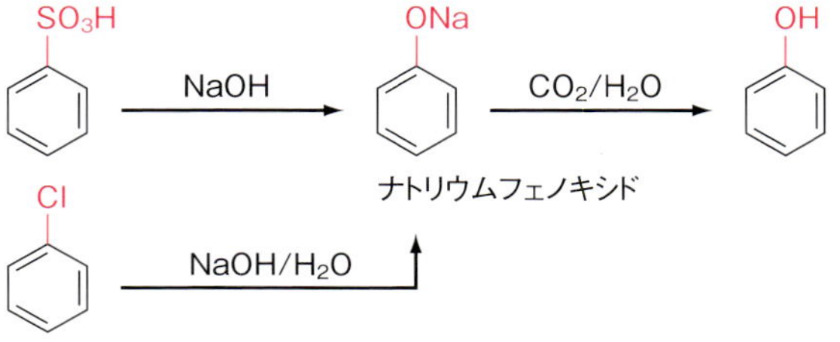

図11・16 フェノールの合成法

11・5・3 塩化ベンゼンジアゾニウムの反応（図11・17）

アニリンに塩酸を作用させて得たアニリン塩酸塩に亜硝酸ナトリウム $NaNO_2$ を作用させると塩化ベンゼンジアゾニウムとなる。

塩化ベンゼンジアゾニウムに酸を作用させるとフェノールになるが、リン酸を作用させるとベンゼンになる。また、シアン化銅（Ⅰ）CuCN を

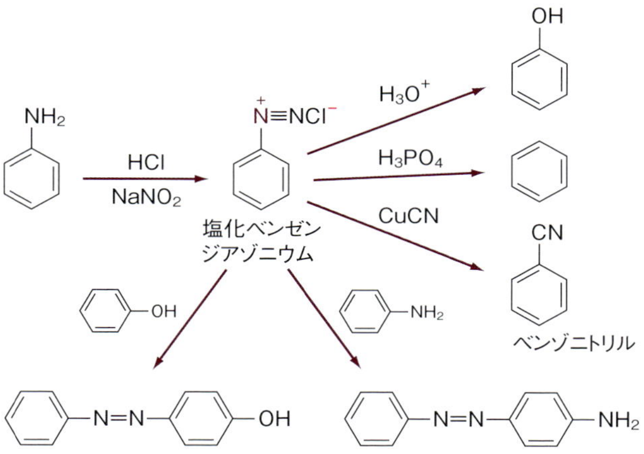

11・5 置換基の反応 | 99

図 11・17 塩化ベンゼンジアゾニウムの反応

作用させるとベンゾニトリルとなる。この反応は**ザンドマイヤー反応**と呼ばれる。

塩化ベンゼンジアゾニウムにフェノール、アニリンなどを作用させると付加体が生成する。この反応は一般に**カップリング反応**と呼ばれる。生成物は鮮やかな色彩を持つものが多く、一般にアゾ染料[*12]と呼ばれて、顔料、染料、食品の着色剤などに用いられる。

[*12] アゾ染料は鮮やかな色彩を持ちながら、安価であるなど優れた性質を持ち、合成色素の60〜70%を占めるといわれる。しかし、ベンゼン骨格を持つこと、また分解してアミンになることなどから、健康に注意が払われている。

Column　塩素の置換基効果

置換基が分子に及ぼす効果を一般に置換基効果という。置換基効果は、σ結合を通して現れる誘起効果（I効果）と、π結合を通す共鳴効果（R効果）に分けて考えることができる。

塩素の電気陰性度は3.5であり、炭素の2.5より大きい。そのため、塩素は炭素の電子を引き寄せるので電子求引基である。

しかし、二重結合に塩素が置換すると、塩素の非共有電子対が二重結合のπ結合と共役する。この結果、非共有電子対が炭素の方に流れ込むことになる。

図11・10はこのような非共有電子対の動きを表したものである。

つまり、ベンゼン環に結合した塩素は誘起効果によって電子を奪い、共鳴効果によって電子を与えているのである。

したがって、図11・10は、ベンゼン環は全体として電子が少なくなっているが、その影響が少ないのがオルト位とパラ位であるということである。実際に、塩化ベンゼンの反応性はベンゼンより低い。

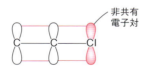
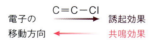

演習問題

次の反応の生成物と反応機構を書け。

11.1 ベンゼンと硫酸

11.2 ベンゼンと硝酸

11.3 ベンゼンと塩化エチル（$AlCl_3$ 存在下）

11.4 ベンゼンと酢酸塩化物（$AlCl_3$ 存在下）

11.5 次の反応の係数をもとめよ。

次の反応の生成物を書け。

11.6 ベンゼンスルホン酸と水酸化ナトリウム

11.7 塩化ベンゼンジアゾニウムとシアン化銅（I）

11.8 塩化ベンゼンジアゾニウムとフェノール

11.9 トルエンのニトロ化（3個のニトロ基を導入せよ）

11.10 ニトロベンゼンのニトロ化

第12章 光化学反応

光照射によって起こる化学反応を光化学反応という。光は電磁波であり、波長に応じたエネルギーを持っている。光化学反応は光のエネルギーによって起こるのであり、その原理は熱エネルギーによって起こる普通の反応と同じである。しかし、反応を支配する分子軌道が両者で異なっており、そのため、光化学反応と熱反応は全く異なる様相を帯びる。つまり、熱反応では決して進行しない反応が光化学反応では起こる。光化学反応を理解するには分子軌道法の理解が必要である。

12・1　HOMOとLUMO

原子の電子がs軌道、p軌道などの原子軌道に入るのと同様に、分子の電子は**分子軌道**（molecular orbital、MO）に入る。分子軌道には、σ電子の入るσ分子軌道と、π電子の入るπ分子軌道がある。光化学反応[*1]で重要なのはπ分子軌道であり、本章でも特に断らない限りπ分子軌道を扱う。

12・1・1　分子軌道

共役化合物の分子軌道は、共役系を構成するp軌道の個数と同じ個数だけある（**図12・1**）。

p軌道の軌道エネルギーをαとすると、分子軌道のエネルギーはαを基準として上下対称になる。そのため、分子軌道の半数はαより低エネルギーであり、半数は高エネルギーである。低エネルギー軌道は**結合性軌道**と呼ばれ、高エネルギー軌道は**反結合性軌道**と呼ばれる。p軌道の個数が奇数の場合には、エネルギー $= \alpha$ の分子軌道ができるが、これは

*1　"光化学"の読み方に決まりはない。"ヒカリカガク"、"コウカガク"、両方が混在している。（コウカガクの方が多いようであるが、"光反応"に関しては"ヒカリハンノウ"の方が多いようでもある。）
英語ではphotochemistryである。

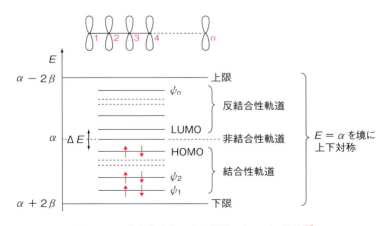

図12・1　共役化合物の分子軌道エネルギー準位[*2]

*2　ϕ読み方：プサイ

特に**非結合性軌道**と呼ばれる。

分子軌道のエネルギーには限界があり、α を基準として上下 2β、つまり 4β の範囲に入ることが要求される。そのため、共役系が長くなるほど、すなわち、p 軌道の個数が多くなるほど分子軌道のエネルギー間隔が狭くなる。

12・1・2　HOMO と LUMO

分子軌道の電子配置の約束は原子軌道の場合と同じである。すなわち、電子はエネルギーの低い軌道から順に入り、1 個の分子軌道には電子は 2 個までしか入ることはできない。

通常の共役系には p 軌道の個数と同じ個数の π 電子がある。したがって全ての結合性軌道は π 電子によって占有され、反結合性軌道は空となる。電子の入った軌道のうち最も高エネルギーの軌道を**最高被占軌道**（highest occupied MO、**HOMO**、ホモ）という。一方、空軌道のうち最も低エネルギーのものを**最低空軌道**（lowest unoccupied MO、**LUMO**、ルモ）[*3] と呼ぶ。

[*3] 古い本では LUMO を、LVMO (lowest vacant MO) としているものもある。

12・2　分子と光の相互作用

分子に光が照射されると、分子軌道に入っている π 電子がエネルギーを吸収し、高エネルギー軌道に移動（遷移）する。

12・2・1　光エネルギー

光は電磁波であり、波長 λ（ラムダ）と振動数 ν（ニュー）を持っている。光速は式1となる。光のエネルギーは式2のように振動数に比例す

$$c = \lambda\nu \quad (\text{式}1)$$

$$E = h\nu \quad (\text{式}2)$$

$$E = \frac{ch}{\lambda} \quad (\text{式}3)$$

c：光速，h：プランク定数

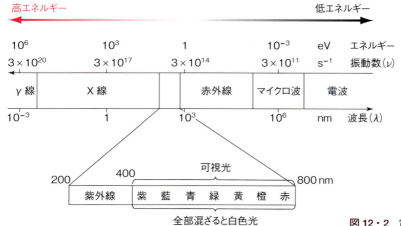

図 12・2　電磁波の波長による分類

るので、式1の関係を導入すると波長に反比例することになる（式3）。

図 12・2 は電磁波の分類を表したものである。波長 400 ～ 800 nm のものを**可視光線**、それより短波長（高エネルギー）のものを**紫外線**、長波長（低エネルギー）のものを**赤外線**と呼ぶ。光化学反応に用いられるものは主に紫外線である[*4,5]。

12・2・2 光 吸 収

分子に光が照射されると、HOMO の電子が光エネルギーを吸収し、高エネルギー軌道に移動する。このような電子の軌道間の移動を**遷移**という。遷移前の低エネルギー状態を**基底状態**、遷移後の高エネルギー状態を**励起状態**という。すなわち、分子は光照射によって基底状態から励起状態に変化するのである（**図 12・3**）。

分子に連続光（波長範囲の広い光）を照射すると、分子は HOMO と LUMO の間のエネルギー差 ΔE に相当する波長の光だけを選択的に吸収して LUMO に遷移し、励起状態になる。

> [*4] 光化学反応の多くは、高エネルギーの紫外線（水銀灯）を用いて行われるが、酸素の光化学反応は低エネルギーの白熱電灯を用いる。これは、それぞれの遷移に要するエネルギー（HOMO と LUMO のエネルギー差）に基づくものである。
>
> [*5] 普通のガラスは紫外線を通さない。そのため、紫外線を用いる光化学反応では、特別なガラス（石英から作った石英ガラス）製の反応容器を用いなければならない。

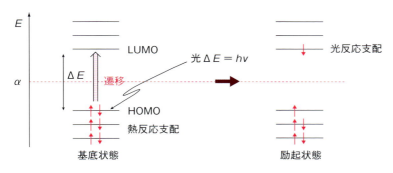

図 12・3 光吸収による電子遷移

12・2・3 フロンティア軌道

典型元素の性質、反応性を支配するのは**価電子**であり、価電子は最外殻軌道に入っている電子である。2個の原子が反応する場合には原子は衝突しなければならず、そのときに接するのは互いの最外殻（電子）である。価電子が反応を支配するとはこのような意味である。

分子でも事情は同じであり、分子の反応性を支配するのは最高エネルギー軌道に入った電子である。この軌道は、開拓時代のアメリカにおいて、フロンティア（国境地帯）に立った開拓民と似た働きをしている。そのため、この軌道を**フロンティア軌道**と呼ぶことがある（**図 12・4**）。

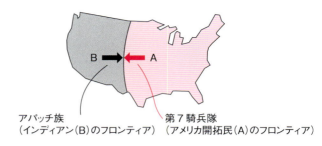

アパッチ族　　　　　　　　　　第7騎兵隊
（インディアン(B)のフロンティア）　（アメリカ開拓民(A)のフロンティア）

図12・4　開拓民とフロンティア軌道

12・2・4　光反応と熱反応

基底状態におけるフロンティア軌道はHOMOであり、励起状態におけるものはLUMOである[*6]。熱反応は基底状態で反応するためHOMOによって支配され、光反応は励起状態で反応するためLUMOによって支配される（図12・3）。

このように、熱反応と光反応の違いは単に利用するエネルギーの違いではなく、反応を支配する分子軌道の違いになるのである。そのため、光反応と熱反応では全く異なる様相を呈することになる。

12・3　軌道の対称性

図12・5はエチレンの分子軌道（関数）とそのエネルギーである。

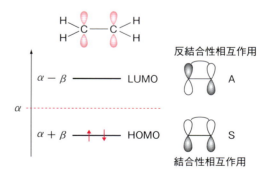

図12・5　エチレンの分子軌道とエネルギー

12・3・1　対称軌道と反対称軌道

分子軌道は波動関数で表され、各炭素上のp軌道の和（線形結合）として表されるが、p軌道の大きさ（係数の大小）はその p軌道の分子軌道への寄与の大小を表す。分子軌道は波動関数であるから、係数には数学的な意味での正と負がある。図の黒く塗った部分は負を表し、白い部分

[*6] 励起状態では、基底状態のHOMOの電子がLUMOに遷移（移動）している。したがって、励起状態のLUMOは、本来ならば"unoccupied"ではなく"occupied"であるから、LUMOという呼び方はおかしいことになるが、慣用的に基底状態での名前で呼ぶ。
電子が1個だけ入った軌道をSOMO（singly occupied MO）と呼ぶこともあるが、これだと励起状態では、HOMOもLUMOもSOMOとなり、両者を区別できない。

は正を表す。

エチレンの結合性軌道（HOMO）は軌道の正負（サイン）が左右対称なので**対称軌道**（symmetry、S）と呼ばれ、反結合性軌道（LUMO）は対称でないので**反対称軌道**（asymmetry、A）と呼ばれる。一般に鎖状共役系の分子軌道は、エネルギーの低いものから順にS-A-S-A…と並ぶ。

12・3・2　結合性相互作用と反結合性相互作用

結合生成は2個の軌道の間の相互作用である。この場合、両方の軌道のサインが正と正、負と負のように揃っているものを**結合性相互作用**、正と負のように揃わないものを**反結合性相互作用**という。

そして、安定な結合を与える相互作用は結合性相互作用に限られる。エチレンのπ分子軌道でも、結合性軌道はサインの揃った結合性相互作用であり、反結合性軌道は反結合性相互作用となっている（図12・5参照）。

12・4　閉環反応と分子軌道

鎖状の共役化合物が環状に変化する反応を**閉環反応**という（**図12・6**）。ブタジエン誘導体**1**を熱で閉環すると**2**になるが、光で閉環すると**3**になる。両者は立体構造が異なっている。なぜこのような違いが生じるのだろうか。

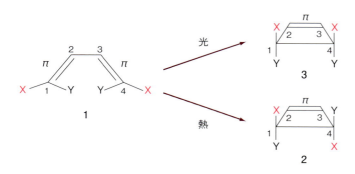

図12・6　ブタジエンの閉環反応[*7]

*7　化合物**1**のC^1, C^{4}はsp^{2}混成であるが、化合物**2**, **3**のC^1, C^{4}はsp^{3}混成となっている。

*8　π結合に結合性軌道と反結合性軌道があるように、σ結合にも結合性と反結合性がある。σ結合が生成するためには、結合性軌道が生成することが絶対条件である。そのため、閉環反応においては、結合する両方の軌道で、同じサインの部分が重なるように回転することが重要となる。

12・4・1　閉環反応と結合回転

ブタジエンの閉環反応における軌道の変化は**図12・7**に示したものである。すなわち、1位と4位の炭素がσ結合すればよいのであり、そのためには結合が回転して2個のp軌道が重なればよいのである[*8]。

ところで、ブタジエンの軌道（関数）は**図12・8**のように、HOMOはA軌道、LUMOはS軌道となっている。

*9 反応の進行に伴って、1、4位の炭素はsp²混成からsp³混成に変化する。

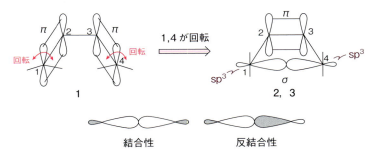

図12・7 ブタジエンのp軌道の回転*9

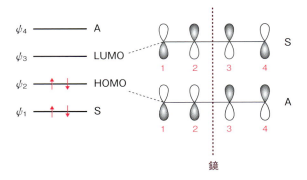

図12・8 ブタジエンの分子軌道と対称性

12・4・2 コンとディス

軌道の相互作用を結合性にするためには、結合の回転方向に気を付けなければならない。すなわち、A軌道のHOMOでは2個のp軌道が互いに同じ方向に回転しなければならない。このような回転を**同旋的回転**（**コンローテートリー、コン**）という（**図12・9下**）。

それに対して、S軌道のLUMOでは鉢合せをするように互いに逆方向に回転しなければならない。このような回転を**逆旋的回転**（**ディスローテートリー、ディス**）という（**図12・9上**）。

p軌道を回転させるためには結合が回転しなければならず、当然その炭素に付いている置換基ごと回転しなければならない。このような違いによって、熱反応（HOMO）と光反応（LUMO）の生成物の立体配置が異なったのである。

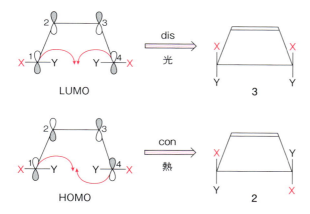

図 12・9 同旋的回転と逆旋的回転[*10]

12・4・3 1,3,5-ヘキサトリエンの閉環反応

1,3,5-ヘキサトリエンの分子軌道関数の対称性は、HOMO が S で LUMO が A である。したがって S 軌道を使う熱反応はディスで進行し、A 軌道を使う光反応はコンで進行することになる[*11]（**図 12・10**）。

[*10] 1位と4位のp軌道は共にサイン（白）を合わせるように回転している。
こうすることによって、1位と4位にσ結合が生成し、シクロブテン環が誕生するのである。

[*11] 光反応が con、熱反応が dis となり、図12・9と反対になっていることに注意。

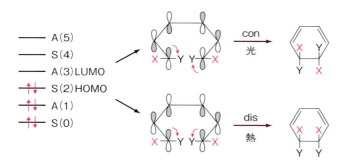

図 12・10 1,3,5-ヘキサトリエンの閉環反応

12・5 水素移動反応と分子軌道

シクロプロペン誘導体の水素は加熱あるいは光照射によって移動する。この場合は水素が1位から3位に移動するので1,3-水素移動反応という（**図12・11**）。熱反応では **2** となり、光反応では **3** となる。**2** と **3** は互いに鏡像異性体であり、互いに異なる分子である。なぜこのような違いになるのだろう。

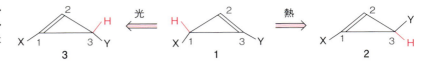

図12・11 1,3-水素移動反応[*12]

*12 化合物 1 の水素が $C^1 \to C^2 \to C^3$ と移動するのか、$C^1 \to C^3$ と移動するのか、その事実は不明である。
しかし、$C^1 \to C^2 \to C^3$ と移動すれば、

という共役系の端から端への移動となるが、$C^1 \to C^3$ と移動すると、

となり、既成事実（熱反応で 2 となり、光反応で 3 となること）の説明のしようがなくなる。しかし、これは"軌道対称性の理論"の枠内で考えた場合のことであり、現代のもっと広範囲な分子軌道計算では、このような反応結果も"想定内"のこととして解決できるまでになっている。

12・5・1 水素移動と分子軌道関数

水素移動の最中には、水素は C–H 結合を切断して水素ラジカルとなり、炭素は sp^2 混成に変化するものと考えられる。この結果、三員環部分の分子軌道は、図 12・12 のように 3 個の p 軌道からできた共役系となる。このような系では、先に見たように非結合性軌道ができることになる。そして 3 個の軌道に 3 個の π 電子が入るので、HOMO は反対称 (A)、LUMO は対称 (S) となる（図 12・13）。

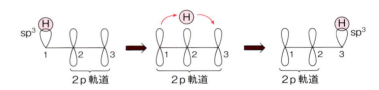

図 12・12 水素移動反応による分子軌道変化

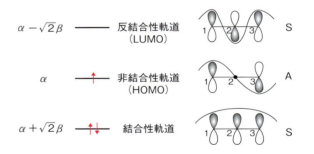

図 12・13 シクロプロペンの分子軌道エネルギー

12・5・2 スプラとアンタラ

切断された水素の軌道の対称性は、切断される前の炭素の対称性と同じである。

図 12・14 において、サインが正の水素が 3 位に移動してそこの炭素の p 軌道と結合性の相互作用を起こすためには、p 軌道の正部分に結合しなければならない。すなわち、A 軌道の HOMO を用いた場合には 3 位の p 軌道の下側に結合しなければならず、S 軌道の LUMO を用いた場合には p 軌道の上部に結合することになる。

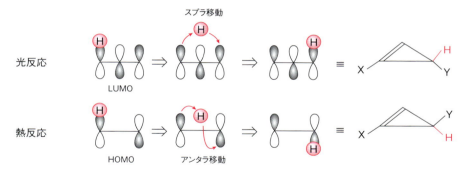

図 12・14　スプラ移動とアンタラ移動[*13]

*13　水素は初めに結合していた p 軌道のサイン（黒）と同じサインの軌道部分に結合する。

　S 軌道を用いた場合には、水素は分子の片面（上面）だけを滑るように移動すればよい。このような移動を**スプラフェーシャル（スプラ）移動**という。それに対して、A 軌道を用いた場合には分子面を上から下に横断するように移動することになる。このような移動を**アンタラフェーシャル（アンタラ）移動**という。

　このような理由によって、熱反応と光反応では異なる生成物を与えたのである。

12・6　光化学反応例

　光化学反応を分子軌道法の観点から解説してきたが、光反応には多くの興味深い反応がある。そのいくつかを図 12・15 に示す。

・シス・トランス光異性化反応

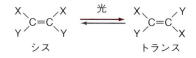

・ベンゼンの光異性化反応

・ケージ状化合物の光異性化反応

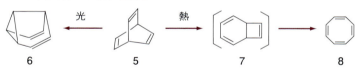

図 12・15　さまざまな光異性化反応

Column 軌道対称性の理論

本章で述べていること、特に熱反応と光反応の相違に関する部分は、一般に軌道対称性の理論といわれるものである。この理論は、1965年にR.B.ウッドワード（写真）とR.ホフマンによって発表されたことからウッドワード-ホフマン則ともいわれる。

この理論は有機分子の反応を、分子軌道関数の対称性（正負のサイン）から論じたものであり、単純明快なものであって、当時としては画期的なものであった。

しかし、同じような理論は京都大学の福井謙一も発表しており、彼の理論はフロンティア軌道理論と名付けられていた。

結局、ホフマンと福井はこの功績によって1981年にノーベル化学賞を受賞した。ウッドワードは1979年に物故したため、受賞の対象にはならなかった。しかし彼は既に1965年に、ビタミンB_{12}など天然物の合成でノーベル化学賞を受賞していた。彼は20世紀最大の有機化学者と称され、ノーベル賞を超越したような存在でもあった。

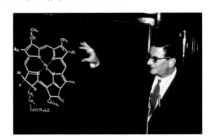

シス・トランス異性化は熱では起きないが、光では起こる。
ベンゼンに光照射すると、**2, 3, 4**の生成物が生じる。
化合物**5**に光照射すると**6**が生じるが、加熱によって**7**となり、それがさらに異性化して最終生成物**8**になる。

演習問題

12.1 赤い光と紫の光ではどちらが高エネルギーか。
12.2 多くの光化学反応が紫外線で進行するのはなぜか。
12.3 結合性軌道、非結合性軌道、反結合性軌道をエネルギー順に並べよ。
12.4 1,3,5,7-オクタテトラエンには何個のπ分子軌道があるか。
12.5 共役系が長くなったらHOMO-LUMOエネルギー差はどうなるか。
12.6 フロンティア軌道とは何か。
12.7 光反応がLUMOで支配されるのはなぜか。
12.8 ヘキサトリエンの各分子軌道の対称性を答えよ。
12.9 ヘキサトリエンの熱閉環反応がディスで進行するのはなぜか。
12.10 熱1,5-水素移動反応は、スプラ、アンタラのどちらで進行するか。

第13章 糖の構造と反応

糖類は、分子式 $C_n(H_2O)_m$ で表されることから炭水化物とも呼ばれる。自然界においては、緑色植物の光合成により水と二酸化炭素からグルコースが合成され、デンプンやセルロースの形で貯蔵される。動物はこれらの糖を食物として摂取することで、分解してエネルギー源とする他、体内に貯蔵し必要なときに利用している。また、生体組織の構成成分でもある糖類は、生命活動だけでなく、生体由来の材料として食品添加物、木材や繊維、医用材料などさまざまな分野を担う重要な化合物群である。

13・1 単糖

単糖は分子式 $C_nH_{2n}O_n$ で表される。糖類を構成する最小単位であり、糖類としてそれ以上分解されない。

13・1・1 単糖の構造

天然に存在する単糖の多くは、炭素数 n が 3〜7 の範囲にあり、それぞれトリオース ($n=3$)、テトロース ($n=4$)、ペントース ($n=5$)[*1]、ヘキソース ($n=6$)、ヘプトース ($n=7$) と呼ばれる (図13・1)。また、単糖は、鎖状構造と環状構造の平衡状態になっており、鎖状構造ではカルボニル基が現れる (図13・3 および 13・4 参照)。このとき、カルボニ

[*1] ペントースであるリボースは、リン酸と核酸塩基 (アデニン、グアニンなど) と結合することで、核酸である RNA (I巻 13・1・2項) を構成するリボヌクレオチドの一部をなしている。

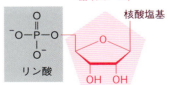

リボヌクレオチドの構造

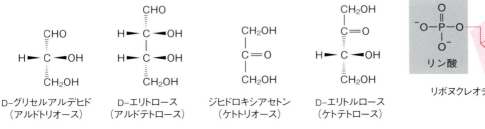

図13・1　単糖の例

ル基がアルデヒドであるものをアルドース、ケトンであるものをケトースという。例えば、炭素数5のアルデヒド糖はアルドペントースとなる。

13・1・2 グルコース

アルドヘキソースである**グルコース**はブドウ糖とも呼ばれ、生命活動のエネルギー源となり、われわれの生活の中で最もなじみ深い糖類の一つである。血液検査で調べる血糖値は血液中のグルコース濃度を示している。その構造を見てみると、6つの炭素のうち4つが不斉炭素になっていることから、アルドヘキソースにはグルコースも含めて立体異性体が $2^4 = 16$ 個存在することがわかる[*2]。この16個は8組の鏡像異性体からなっており、グルコースには D-グルコースと L-グルコースの2種類が存在する（**図 13・2**）[*3]。このうち天然に存在するのは D 体のみである。一方、環状構造のものにはさらに α 形と β 形の2種類の立体異性体が存在し（**図 13・3**）[*4]、これらは互いに変換することが可能である。グルコースを水に溶かしてしばらく放置すると平衡状態に達し、α 形と β 形の存在割合がそれぞれ 37%、63% となる[*5]。

[*2] 単糖のフィッシャー投影式において、各不斉炭素に結合した OH が右側または左側にある場合の、2通りの構造が存在する。したがって、不斉炭素が2つの場合は $2 \times 2 = 4 (= 2^2)$ 通り、3個では $2 \times 2 \times 2 = 8 (= 2^3)$ 通り、n 個では 2^n 通りとなり、その数だけ立体異性体が存在する。2^n 個のうち、半分 (2^{n-1} 個) は残り半分のいずれかの鏡像異性体となっているため、鏡像異性体は 2^{n-1} 組存在する。

[*3] グルコースをはじめとした単糖では、アルデヒド基またはカルボニル基が上側にくるようにフィッシャー投影式を描いたとき、一番下にある不斉炭素について、OH が左側にあれば L 体、右側にあれば D 体とする。

[*4] CH_2OH と、色をつけた OH がトランスの位置関係にあれば α 形、シスの位置関係にあれば β 形となる。このような α 形と β 形の立体異性体の関係をアノマーと呼ぶ。

[*5] 鎖状構造もごく微量存在する。また、α 形か β 形のどちらか一方のみを溶かしても、平衡状態での存在割合は同じになる。

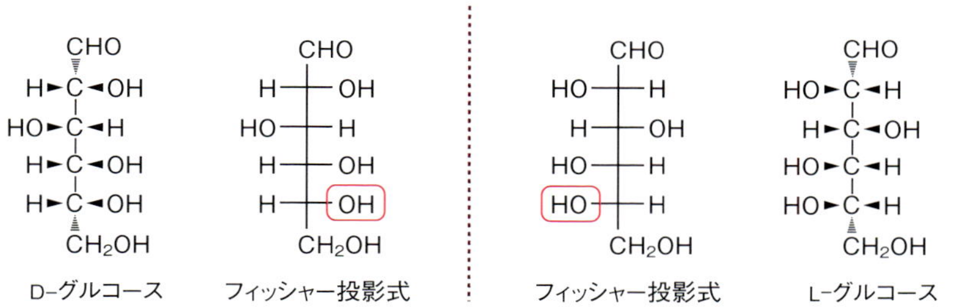

図 13・2 D-グルコースと L-グルコース

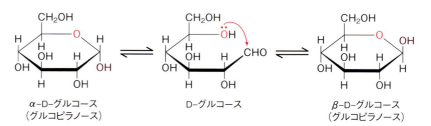

図 13・3 グルコースの鎖状構造と環状構造

13・1・3 フルクトース

ケトヘキソースである**フルクトース**は果糖とも呼ばれ、果実や蜂蜜に多く含まれている。グルコースと同様、水溶液中で環状構造をとるが、

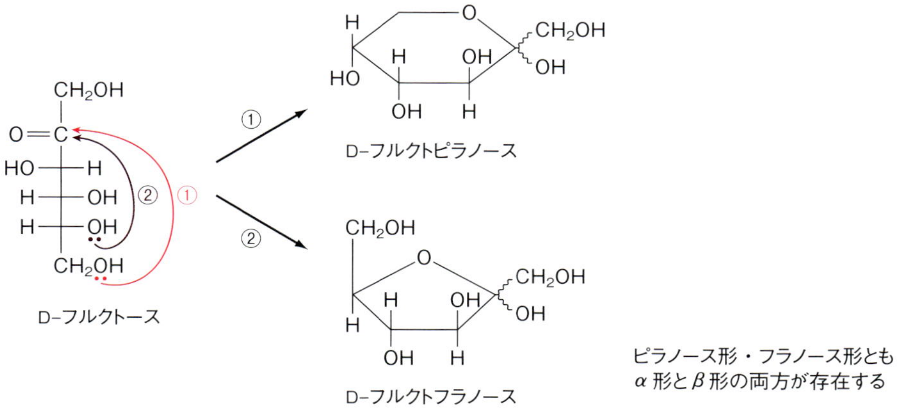

図 13・4　フルクトースの構造

　フルクトースには**ピラノース形**と**フラノース形**の 2 種類の環状構造がある (**図 13・4**)。フルクトースは天然に存在する糖類の中で最も甘い。デンプンから得られたグルコースを酵素の働きにより異性化し、一部をフルクトースに変えて甘みを強めたものは異性化糖と呼ばれている。

13・2　二　糖

　二糖は 2 分子の単糖から水 1 分子が失われて縮合したものである。生体内では、酵素の働きにより単糖に分解される。

13・2・1　マルトース

　マルトース (**図 13・5**) は α-グルコース 2 分子が結合した二糖であり、麦芽糖とも呼ばれ水あめの主成分である。デンプンを酵素アミラーゼの働きによって分解したときに得られる。2 つのグルコースの間のエーテル結合は**グリコシド結合**と呼ばれ、酸や酵素の働きによって切断される。

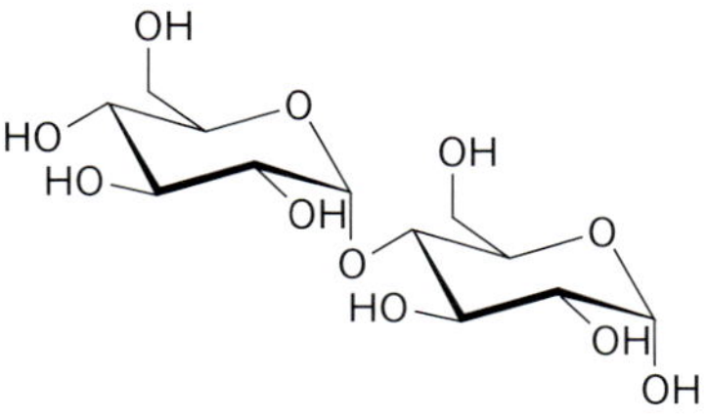

図 13・5　マルトースの構造

13・2・2 スクロース

スクロース（図 13・6）は α-グルコースとフルクトースが一つずつグリコシド結合を介して連結した二糖であり、ショ糖とも呼ばれ、家庭で一般に見られる砂糖の主成分である。サトウキビなどから抽出により得られる。酸あるいは酵素を用いてスクロースを加水分解すると、グルコースとフルクトースの等量混合物が得られる。これは**転化糖**と呼ばれ、元のスクロースよりも甘く、蜂蜜の主成分である。また、吸湿性があるため焼き菓子などをしっとりとした状態に保つのに使われる。

*6 ショ糖にフルクトースが 1〜3 個結合したフラクトオリゴ糖など、腸内環境を整える作用があるとして、特定保健用食品の成分に含まれているものが知られている。また、6〜8 個のグルコース分子が環状につながったシクロデキストリンは、その内部に他の疎水性分子を取り込む性質があり、食品、医薬品、あるいは化粧品などに利用されている。

図 13・6 スクロースの構造

13・3 多糖・オリゴ糖

多糖は多数の単糖が縮合したものである。多糖ほど多くはないが数個程度の単糖が縮合したものは**オリゴ糖**[*6]と呼ぶ。

13・3・1 デンプンとグリコーゲン

デンプンは 2 種類の多糖、**アミロース**と**アミロペクチン**からなる。これらはいずれも α-グルコースを構成単位としているが、アミロースはらせん構造をとった直鎖状分子であるのに対し[*7]、アミロペクチンは枝分かれ構造を持つ（図 13・7）。また、分子量はアミロペクチンの方がアミロースよりも大きい。デンプン中のアミロースの割合は、食物によって異なるがおおむね 20 ％程度である。お米に含まれるデンプン中のアミロースとアミロペクチンの比率は、炊いたときの粘り気と関係が深く、アミロペクチンの割合が高いほど粘りが強い。もち米のデンプンはアミロースを含まず、アミロペクチンのみからなっている。

デンプンは植物がエネルギー源として蓄えているものであるが、動物の場合は**グリコーゲン**の形でエネルギーを蓄えている。グリコーゲンは α-グルコースが多数結合したものであり、アミロペクチンと類似した枝分かれ構造を持っている。しかし、分子量はアミロペクチンよりも大きく、枝分かれも多い。動物が食物として摂取した炭水化物は消化によりグルコースに分解されるが、過剰のグルコースはグリコーゲンに変換さ

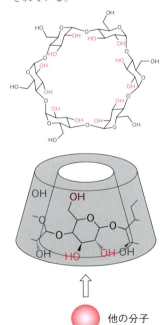

シクロデキストリン

*7 ヨウ素デンプン反応は、主にアミロースのらせん構造の中にヨウ素分子が入り込むことで起こる。

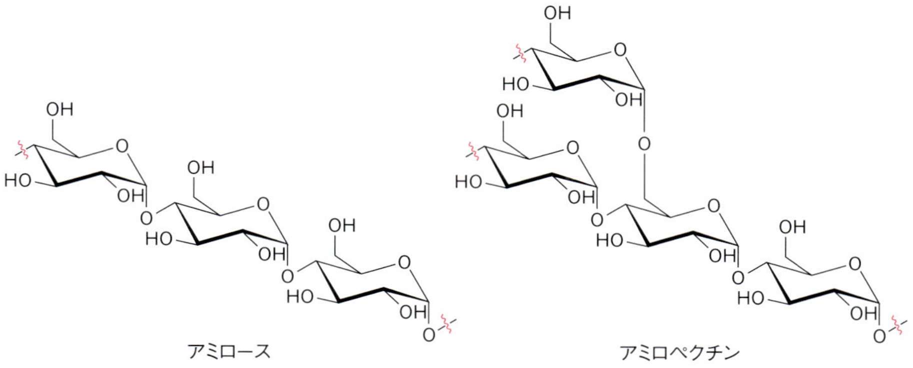

図 13・7　アミロースとアミロペクチンの構造

れ、肝臓や筋肉に貯蔵される。

13・3・2　セルロース

セルロース(図 13・8)は植物の細胞壁を構成する主要物質であり、自然界に最もたくさん存在する有機化合物である。その構造は、β-グルコースが直鎖状に多数結合したものであり、分子鎖が水素結合により強固な束になっている。このため、セルロースは高い機械的強度を持つ繊維となる。また、セルロースは一般的な溶媒には溶けにくく、濃塩酸や濃硫酸、あるいは高温のアルカリ溶液などにのみ溶ける。セルロースは綿などの天然繊維の主成分であり[*8]、セルロースの酢酸エステルである**アセチルセルロース**はアセテートレーヨンなどの再生繊維やフィルムとして、硝酸エステルである**ニトロセルロース**は爆薬として利用されている。なお、ヒトはセルロースを分解する酵素を持っていないため、食物中に含まれるセルロースを消化できない。

[*8] 木材や紙の主成分もセルロースである。

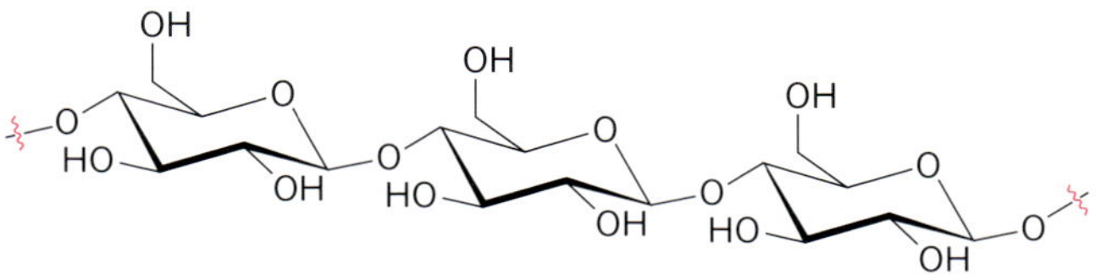

$-OH$ が $-OCOCH_3$ であるものはアセチルセルロース
$-NO_2$ であるものはニトロセルロース である

図 13・8　セルロースとその誘導体

13・3・3 ムコ多糖(図13・9)

炭水化物である単糖を構成成分とする多糖の他に、**グルコサミン**のように、ヒドロキシ基の一部がアミノ基に置き換わった**アミノ糖**を構成成分とする多糖である**ムコ多糖**も存在する。これらムコ多糖は、さまざまな生理活性を示すものが多い。

グルコサミンのアミノ基がアセチル化された N-アセチルグルコサミンが多数結合した**キチン**は、エビやカニなどの甲殻類の外皮を構成する多糖である。キチンをアルカリ処理により脱アセチル化すると**キトサン**となる。キチンやキトサンは、抗菌性、保湿性、生体適合性に優れ、医用材料、抗菌性繊維、あるいは健康食品などにも利用されている。

ヒアルロン酸は、関節の潤滑作用や皮膚の保湿作用を示すことから、医療品や化粧品の分野で利用されている。**コンドロイチン硫酸**は軟骨や皮膚を構成しており、その多くはタンパク質に結合した形で存在する。**ヘパリン**は肝臓などの臓器に存在し、血液の凝固防止作用がある[*9]。

*9 血液検査で用いる採血管は、検査内容によってはヘパリンが塗布されているものを用いる。

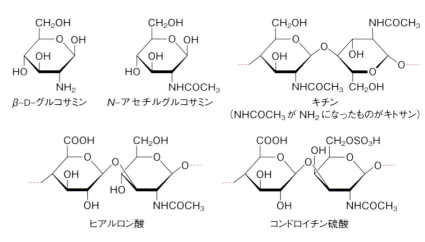

図13・9 ムコ多糖の構造

13・4 糖類の反応

糖類には多くのヒドロキシ基が存在し、鎖状構造を持つ糖にはカルボニル基(アルデヒドまたはケトン)も存在するため、これらの官能基に特徴的な反応を示す(第8章参照)。

13・4・1 酸化・還元反応(図13・10)

単糖にフェーリング試薬(Cu^{2+}を含む溶液)を加えて加熱すると、Cu^{2+}が還元され Cu_2O の赤色沈殿が生成する。このような還元作用[*10]は

*10 還元作用がある糖を還元糖という。

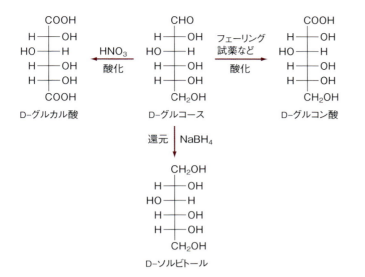

図 13・10 糖類の酸化と還元

アルデヒド基に特有の性質であり、他にもベネジクト試薬（Cu^{2+}）やトレンス試薬[*11]（Ag^+）などに含まれる金属イオンを還元する。これらの試薬のうち、ベネジクト試薬は特に糖類のアルデヒド基に選択的に作用するため、糖類の検出試薬として使われている。二糖のうちマルトースも単糖と同様に還元性を示すが、スクロースは還元性を示さない[*12]。還元作用があるということは、それ自身は酸化されやすいということである。硝酸のような強い酸化剤を用いると、アルデヒド基だけでなく第一級[*13]のヒドロキシ基も酸化される。

一方、水素化ホウ素ナトリウム $NaBH_4$ などの還元剤を用いて、単糖のカルボニル基をヒドロキシ基に還元することができる。グルコースを還元して得られる**ソルビトール**は、砂糖の約 6 割程度の甘味を持ち、甘味料や品質保持剤などの食品添加物として利用されている。

13・4・2 アルコールとしての反応（図 13・11）

糖類のヒドロキシ基はアルコールとしての反応を示す。例えば、ヨウ化メチルと弱い塩基である酸化銀を作用させるとメチルエーテルとなる。一方、酸塩化物や酸無水物を作用させることでエステル化が起こる。ヒドロキシ基を多く含む糖類は、水に溶けやすく有機溶媒に溶けにくいため、取り扱いにくいことがある。これらの反応を利用してヒドロキシ基をエーテルやエステルにすることで、有機溶媒に溶けやすくなり、取り扱いが容易になる[*14]。

*11 トレンス試薬の示す反応は、いわゆる銀鏡反応である。

*12 マルトースのように一方のグルコース（あるいは他の単糖）単位にヘミアセタール構造が残っている場合、環状構造が開裂して鎖状構造となりアルデヒド基が現れるため還元性を示す。

*13 アルコールの級数は OH の結合した炭素にいくつ炭素が結合しているかで決まる。

*14 例えば、セルロースをアセチル化したアセチルセルロースは有機溶媒に溶けるようになり、紡績により繊維を作ることができる。

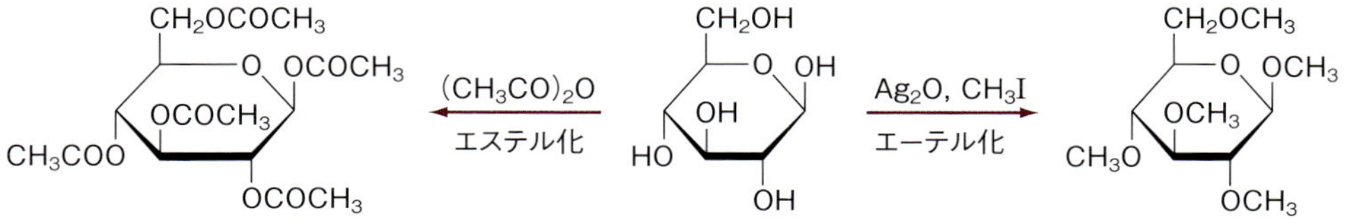

図 13・11　アルコールとしての糖の反応

13・4・3　グリコシドの生成（図 13・12）

カルボニル化合物は、酸の存在下、アルコールと反応し**ヘミアセタール、アセタール**を与える（8・3・1項参照）。グルコースやフルクトースの環状構造はヘミアセタールであり、これらに酸の存在下でアルコールを作用させると、アセタールである**グリコシド**（**配糖体**）が得られる。二糖はアルコールとして糖を用いた場合の配糖体であり、多糖も同様に考えることができる。

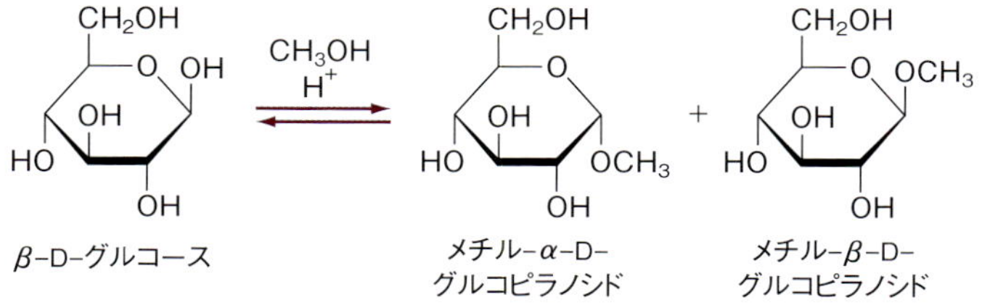

*15　このように生体内で起こる物質変換を**代謝**という。代謝には異化と同化があり、食物として取り込まれた栄養素は異化により分解され、このとき、生命活動に必要なエネルギーを得る。

図 13・12　グリコシドの生成反応

13・4・4　発酵による単糖の分解

グルコースは糖類としてはそれ以上分解されないが、生体内ではエネルギーを取り出すためにさらに小さな分子に変換される[*15]。生物は、この変換の際に生じる**アデノシン三リン酸**（**ATP**）[*16]を化学エネルギーとして利用している。1分子のグルコースは、まず2分子のピルビン酸に分解される。生じたピルビン酸は、高等生物では酸素が存在する条件（**好気的条件**）下で最終的に水と二酸化炭素になる。微生物の場合は種類により異なるが、例えば酵母では、エタノールと二酸化炭素を生じる。これは**発酵**（アルコール発酵）と呼ばれ、アルコール飲料やパンの製造に利用されている[*17]。発酵は通常、酸素が存在しない条件（**嫌気的条件**）下で進行する。

*16　ATPの構造
アデノシンにリン酸基が3つ付いたもの。加水分解によりリン酸基が外れることで大きなエネルギーを生じる。

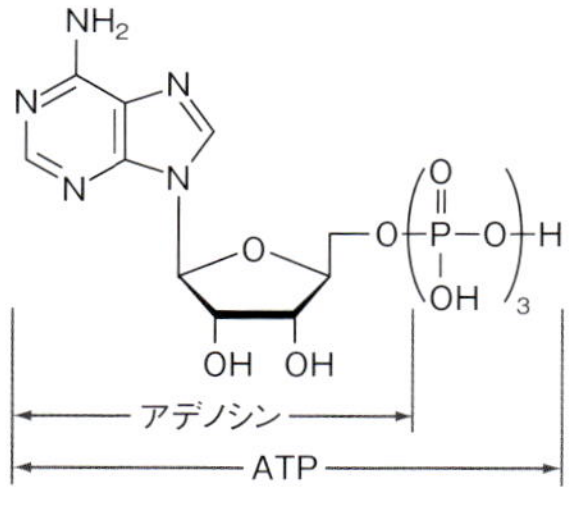

*17　パンはイースト菌の働きにより発酵が起こり、生地が膨らむが、これは二酸化炭素が発生することによる。エタノールは蒸発してしまい残らない。

Column 甘味を示す物質

　甘味料といえば、真っ先に思いつくのは砂糖であり、これはショ糖（スクロース）を主成分とする。また、蜂蜜の甘味はスクロースから得られる転化糖である。他にも、歯磨き粉やガムに使われているキシリトール、ダイエット食品や菓子に使われているソルビトールも聞いたことがあるだろう。これらはいずれも糖類あるいはその誘導体であり、天然に存在するものである。一方、サッカリンやアスパルテームなど、糖とは全く異なる構造で、人工的に作られた甘味料も存在する（I 巻 12・3・2 節参照）。

　砂糖の代わりに用いられる甘味料（代用甘味料）には、上にあげたものをはじめ、天然物や合成物などさまざまある。これらの中には、単に甘味を得るだけでなく、虫歯になりにくい、低カロリーであるなど、健康を維持する機能を持っているものも多い。例えば虫歯は、口腔内のミュータンス菌が多糖の膜を作って歯の表面に付着し、膜内での発酵により生成した乳酸などの酸が歯の表面を溶かすことにより起こる。この多糖の膜（いわゆる歯垢）や酸の原料となるのが、スクロースである。キシリトールやソルビトールなど虫歯になりにくいといわれる甘味料は、ミュータンス菌に取り込まれても、これら虫歯の原因物質をほとんど生成しないか、あるいは生成しにくい。一方、低カロリーをうたう甘味料は、スクロースの 100〜200 倍の甘味を持つアスパルテームのように、甘みが強いため少ない使用量で済むことや、体内で代謝されにくいため、エネルギーをほとんど発生しないことによる。

ソルビトール　　キシリトール　　アスパルテーム　　サッカリン

演習問題

13.1　アルドペントースには立体異性体がいくつ存在するか答えよ。

13.2　右に示すのは、アルドヘキソースの一種であるマンノースのフィッシャー投影式である。D 体と L 体のどちらであるか答えよ。

13.3　α-D-ガラクトースと β-D-ガラクトースの構造を示せ。

13.4　二糖であるマルトースが還元性を示す理由を説明せよ。

13.5　転化糖とは何か説明せよ。

13.6　アミロースとアミロペクチンの違いを説明せよ。

13.7　ムコ多糖とはどのような特徴を持つ糖か説明せよ。

13.8　D-グルコースに水素化ホウ素ナトリウムを作用させたときに生成する化合物の構造を示せ。

13.9　β-D-グルコースに酸の存在下、エタノールを作用させたときに生成する化合物の構造を示せ。

13.10　発酵とはどのような現象か説明せよ。

第14章 脂質の構造と反応

　脂質とは、水に溶けにくく、無極性の有機溶媒に抽出される天然有機化合物の総称である。油脂やリン脂質はエステル結合を持つ脂質であり、前者はエネルギー貯蔵物質、後者は生体膜の主要構成成分としての役割を持つ。油脂のけん化により得られるセッケンやリン脂質は両親媒性物質であり、水中でこれらの分子が集合しミセルや二分子膜を形成する。一方、植物精油から抽出されるテルペノイド、ホルモンや医薬品となるステロイドは、エステル結合を持たない脂質である。

14・1　脂質の定義と分類

　脂質は、糖やアミノ酸などの他の生体関連物質と異なり、分子構造ではなく物理的性質によって定義されている。すなわち、水に溶けにくく、無極性の有機溶媒によって抽出される物質が脂質である。脂質の分子構造を見てみると、油脂やワックス、あるいはリン脂質のようにエステル結合を持っているもの、テルペノイドやステロイドのようにエステル結合を持っていないもの、の2種類に大まかに分類できる（**図 14・1**）。

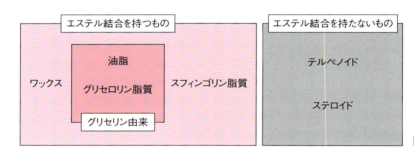

図 14・1　脂質の分類

14・2　油脂と脂肪酸

　油脂は中性脂肪とも呼ばれ、グリセリンと脂肪酸のエステル（**トリグリセリド**）であり、自然界に最も多く存在する脂質である（**図 14・2**）。これらは多くの動物の体脂肪として存在し、主にエネルギー貯蔵物質としての役割を持っている。また、肉の脂身やサラダ油など、食事や料理を中心として日常生活との関わりも深い。

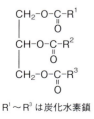

図 14・2　油脂の一般的構造

14・2・1　脂　肪　酸

　鎖状の脂肪族モノカルボン酸を一般に**脂肪酸**と呼ぶが、このうち油脂を構成する脂肪酸は、炭素数が 14 以上の偶数であるものが多い（**表 14・**

14・2 油脂と脂肪酸

表 14・1 主な脂肪酸の名称と構造

名称	炭素数	不飽和結合数	構造[†1]	融点[†2] (℃)
飽和脂肪酸				
ラウリン酸	12	0	$CH_3(CH_2)_{10}COOH$	43.2
ミリスチン酸	14	0	$CH_3(CH_2)_{12}COOH$	53.9
パルミチン酸	16	0	$CH_3(CH_2)_{14}COOH$	63.1
ステアリン酸	18	0	$CH_3(CH_2)_{16}COOH$	68.8
アラキジン酸	20	0	$CH_3(CH_2)_{18}COOH$	76.5
不飽和脂肪酸				
パルミトレイン酸	16	1	$CH_3(CH_2)_5CH=CH(CH_2)_7COOH$	−0.1
オレイン酸	18	1	$CH_3(CH_2)_7CH=CH(CH_2)_7COOH$	13.4
リノール酸	18	2	$CH_3(CH_2)_4(CH=CHCH_2)_2(CH_2)_6COOH$	−12
リノレン酸	18	3	$CH_3CH_2(CH=CHCH_2)_3(CH_2)_6COOH$	−19
アラキドン酸	20	4	$CH_3(CH_2)_4(CH=CHCH_2)_4(CH_2)_2COOH$	−49.5

[†1] 二重結合部分はすべてシス体（Z体）
[†2] 融点の元データは『マクマリー 有機化学概説（第6版）』（東京化学同人）p.530, 表 6.1 より.

1）。炭化水素鎖が全て単結合からなるものを**飽和脂肪酸**、一つ以上の二重結合を持つものを**不飽和脂肪酸**という。不飽和脂肪酸の二重結合部分はトランス体とシス体の2種類の幾何異性体が存在し得るが、ほとんどはシス体である[*1]。また、一般に不飽和脂肪酸の方が飽和脂肪酸よりも融点が低い。これは、分子を箱の中にキレイに並べて詰め込むこと（＝結晶状態）を考えたとき、折れ曲がった構造のシス体の不飽和脂肪酸分子は、比較的まっすぐな構造の飽和脂肪酸分子に比べるとおさまりが悪

[*1] トランス体の不飽和脂肪酸は天然にほとんど存在せず、硬化油（14・2・3項参照）の製造過程などで発生する。トランス体の不飽和脂肪酸は、血中コレステロール濃度を上昇させたりして動脈硬化を促進するなど、健康への悪影響があるといわれている。

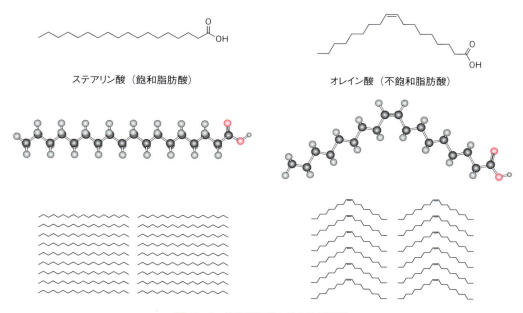

図 14・3 飽和脂肪酸と不飽和脂肪酸

*2 シス体を詰め込むとどうしてもすき間ができてしまう。すき間ができるとそれだけ隣り合う分子との接点も少なくなり、詰め込んだ分子を簡単にバラバラにできるため結晶化しにくくなる。

*3

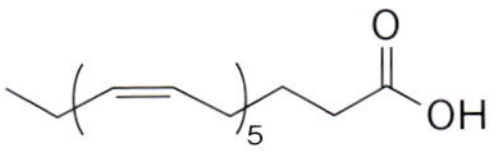

EPA

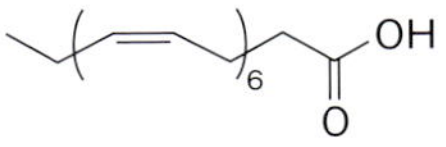

DHA

*4 EPAとDHAはリノレン酸から、アラキドン酸もリノール酸から合成できるが、体内で必要十分な量を合成できないこともあるため、これらも必須脂肪酸に含まれることが多い。

いため、言い換えると、結晶化しにくくなるためである（図14・3）*2。

脂肪酸のうち、リノール酸やリノレン酸など、二重結合を2つ以上持つ不飽和脂肪酸の多くは、高等生物の体内で合成することができない。近年、動脈硬化の防止や脳の働きを高める作用があるとして注目されているエイコサペンタエン酸（EPA）やドコサヘキサエン酸（DHA）*3 も、分子中に二重結合をそれぞれ5，6個持っている不飽和脂肪酸である。これらの脂肪酸は生命活動に必要不可欠であるが、生体内で合成することができず、食物から摂取する必要がある。このような脂肪酸を**必須脂肪酸**という*4。

14・2・2 油　脂

　油脂の性質は、それを構成する脂肪酸の構造によって決まる。油脂には1分子当たり3本の脂肪酸由来の炭化水素鎖が含まれるが、これらは全て同じものでなくてもよい。油脂は大きく分けて、大豆油やコーン油などの**植物油**と、バターやラードなどの**動物油脂**の2種類に分類できる。**表14・2**に示すように、これらの油脂を構成する脂肪酸の組成には特徴があり、植物油は不飽和脂肪酸の割合が多いのに対し、動物油脂は飽和脂肪酸が多い。したがって、植物油は融点が低くその多くが常温で液体であり、動物油脂の多くは固体である。

14・2・3 油脂の反応

　油脂はエステル結合を持つため加水分解を受け、これによりグリセリンと脂肪酸が得られる。アルカリ溶液を用いた加水分解を特に**けん化**といい、得られた脂肪酸のアルカリ金属塩は**セッケン**である（図14・4）。
　脂肪酸を高級アルコール*5 とエステル化したものは**ワックス**（ろう）

*5 炭素数6以上のアルコールを高級アルコールという。

表14・2 油脂を構成する脂肪酸の組成

	ヨウ素価	融点(℃)	飽和脂肪酸（％）				不飽和脂肪酸（％）		
			ラウリン酸	ミリスチン酸	パルミチン酸	ステアリン酸	オレイン酸	リノール酸	リノレン酸
動物油脂									
ラード	46-66	36-42		1	25-30	12-16	41-51	3-8	
バター	36	32	1-4	8-13	25-32	8-13	22-29	0.2-1.5	3
牛脂	31-47	40-46		3-6	24-32	20-25	37-43	2-3	
植物油									
コーン油	109-133	−20		0.1-0.7	8-12	2.5-4.5	19-49	34-62	
オリーブ油	79-90	−6			9.4	2.0	83.5	4.0	
ピーナッツ油	84-102	−5			8.3	3.1	56	26	
大豆油	127-138	−16		0.3	7-11	2-5	22-34	50-60	

『生体物質の化学』（三共出版）p.77 の表11.2にある数値データを使用

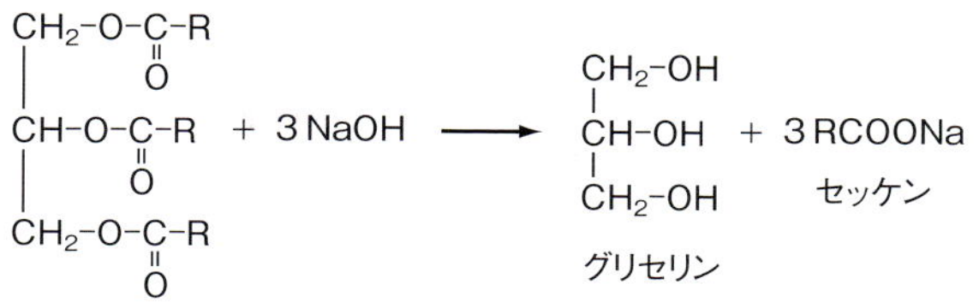

図14・4 セッケンの生成

と呼ばれる。ワックスは多くの動植物の表面に存在し、防水作用や保護作用を示す。例えば、パルミチン酸セチル $C_{15}H_{31}COOC_{16}H_{33}$ は鯨ろう、パルミチン酸ミリシル $C_{15}H_{31}COOC_{30}H_{61}$ は蜜ろうの主成分としてそれぞれ知られている。動物の体脂肪は一般にトリグリセリドであるが、一部の魚類など、ワックスをその主成分とするものも存在する。

また、脂肪酸をメタノールとエステル化したものはバイオディーゼル燃料（BDF）と呼ばれ、軽油の代わりに使われている。

一方、不飽和脂肪酸の二重結合も反応を受けやすい部分である（**図14・5**）。二重結合の隣にあるアリル位[*6]の炭素が酸素と反応するとラジカル種が発生し、重合反応が起こって高分子化する。このようなものを**乾性油**と呼び、塗料などに使われている。ペンキの塗膜が時間経過とともに固まるのは、顔料の分散剤である油脂が高分子化したためである。また、二重結合を、触媒を用いた接触水素化により単結合とすると、不飽和脂肪酸が飽和脂肪酸に変わるため、油脂の融点が上がる。このようなものは**硬化油**と呼ぶ。例えばマーガリンは、本来、常温では液体であるコーン油などの植物油を原料としているが、硬化油であるため、固体となっているのである。さらに、二重結合は付加反応を受けやすく、ヨウ素のようなハロゲン分子も付加する。二重結合一つにつきヨウ素1分

[*6] $CH_2=CH-CH_2-$ をアリル（allyl）基といい、$C=C$ の隣の位置をアリル位という。なお、芳香族を指すアリール（aryl）基と名前が紛らわしいので注意。

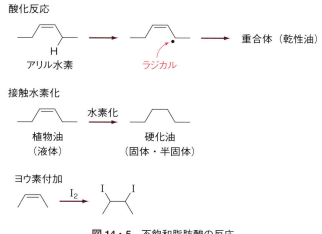

図14・5 不飽和脂肪酸の反応

*7

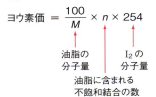

目安として、ヨウ素価 130 以上のものは酸化されやすく、硬化油に分類される。

*8 コリンは、細胞膜の構成成分や神経伝達物質の前駆体として重要な化合物である。

$$HO-CH_2-CH_2-\overset{+}{N}(CH_3)_3 \ X^-$$

*9 R 体・S 体の判定は、不斉炭素に結合した4つの置換基の空間的な位置関係（立体配置）で決める。カーン-インゴルド-プレローグ則に従い、4つの置換基に優先順位を付け、図のように判定する（丸数字は置換基の優先順位）。

R 体（①→②→③ が右回り）

S 体（①→②→③ が左回り）

カーン-インゴルド-プレローグ (Cahn-Ingold-Prelog) 則
不斉炭素に結合した置換基について、原子番号の大きい原子が結合しているものを優先とする。（同じ原子が結合している場合はその隣の原子で比較。原子番号の大きい原子をより多く含むものが優先。二重結合や三重結合はその原子が2個、3個結合しているものとする）。

子が付加することから、ヨウ素の付加量は油脂の不飽和度の目安となり、これを**ヨウ素価**という。ヨウ素価は油脂 100 g に付加するヨウ素のグラム数を示している*7（表 14・2 参照）。

14・2・4 セッケンとミセル

セッケンは**両親媒性物質**であり（9・4・1 項参照）、水に入れると親水性部分を外側に、疎水性部分を内側に向けて分子が集まり、**ミセル**と呼ばれる球状の分子集合体を形成する（図 **14・6**）。このとき、ミセルの内部は疎水的な環境になっており、油汚れ（脂質分子）を取り込むことができる。このような仕組みで、セッケンは油汚れを落とすことができるのである（9・4・3 項 A 参照）。

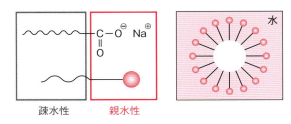

図 14・6 ミセル

14・3 リン脂質

14・3・1 リン脂質（図 14・7）

リン脂質は、細胞膜をはじめとした生体膜を構成する主成分である。その代表例として**グリセロリン脂質**（**ホスホグリセリド**）がある。グリセロリン脂質は、2つの脂肪酸およびリン酸とグリセリンのエステル（ホスファチジン酸）である。2つの脂肪酸のうち、グリセリンの2位の炭素に結合しているものは不飽和脂肪酸、もう1本は飽和脂肪酸であることが多い。また、リン酸の部分にはさらにコリンやエタノールアミンなどがエステル結合していることが多い。特に、コリン*8 がエステル結合しているものを**ホスファチジルコリン**（**レシチン**）という。レシチンは生体膜の主要構成成分の一つであり、脳髄や神経、あるいは卵黄に多く含まれている。また、天然由来の界面活性剤として、食品や化粧品などの乳化剤として幅広く利用されている。ホスホグリセリドの構造をよく見ると、グリセリンの2位の炭素は不斉炭素になっている。したがって2種類の鏡像異性体が存在するが、自然界に存在するものは一般に R 体*9 である。

グリセロリン脂質以外のリン脂質として、スフィンゴシンを含む**スフィンゴリン脂質**がある。このうちスフィンゴミエリンは神経繊維に多く含まれ、脳へのシグナル伝達に関与している。

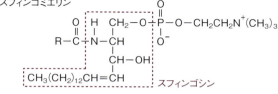

図 14・7 リン脂質の構造

14・3・2 二分子膜とベシクル（図 14・8）

ホスホグリセリドはセッケンと同様に両親媒性物質である。このため、水中で親水性部分、疎水性部分同士が集まることで分子集合体を形成する。しかし、ホスホグリセリドはセッケンよりも疎水性部位の割合が大きく、ミセルにはなりにくい。このため、2分子が向かい合った形の**二分子膜（脂質二分子膜）**を形成する。これが球状になったものは**ベシクル**[*10]と呼ばれる。脂質二分子膜は、細胞膜をはじめとした生体内組織の膜構造の基本構成成分となる。

*10 脂質分子が作るベシクルをリポソームという（リポ＝油、脂肪）。内部にさまざまな分子を封じ込めることができるので、人工細胞やドラッグデリバリーなど、さかんに研究が行われている。

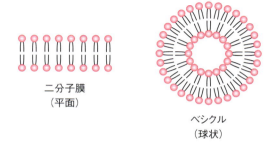

図 14・8 二分子膜とベシクル

14・3・3 生体膜

生体膜はリン脂質が作る脂質二分子膜を基本構造としており、その膜の表面や内部に膜タンパク[*11]や糖鎖などが介在し、膜を介した物質輸送や反応に関わっている (9・4・3項B参照)。ここで、膜の構造はがっちりと固まっているのではなく、流動性を持っている。すなわち、脂質の海に膜タンパクなどが船のように浮かんで漂っているイメージである。このような生体膜の構造モデルは、**流動モザイクモデル**(図14・9)と呼ばれている。

[*11] 膜タンパク質を構成するアミノ酸のうち、脂質二分子膜の内部に存在する部分は疎水性アミノ酸が多い。

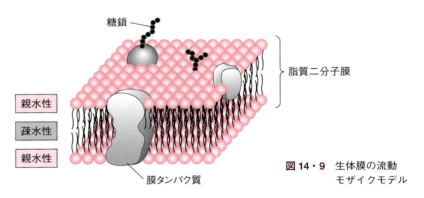

図14・9 生体膜の流動モザイクモデル

14・4 テルペノイドとステロイド

エステル結合を持たない脂質として、テルペノイドとステロイドが知られている。これらはいずれも**イソプレン**[*12] (C_5H_8) を構成単位とする化合物およびその誘導体である。

14・4・1 テルペノイド (図14・10)

植物精油[*13]中に見出された一連の化合物は**テルペン**あるいは**テルペノイド**と呼ばれ[*14]、脂質の一種に分類される。環構造やヒドロキシ基、カルボニル基などを持つものもある。テルペノイドは、2個以上のイソプレン分子が結合してできた化合物である[*15]。イソプレン骨格2〜3個からなるテルペノイドの多くは、揮発性が高く特有の香気を持ち、香料にも使用される。また、イソプレン骨格8個からなるβ-カロテンはビタミンAの元である。

14・4・2 ステロイド (図14・11)

ステロイドもテルペノイドと同様、イソプレン骨格を構成単位としている。その構造は、4つの環からなる**ステロイド環**を基本骨格として持つ。代表例は**コレステロール**であり、細胞の必須構成成分であるが、水

[*12] イソプレンが多数つながったポリイソプレンは、天然ゴムの主成分である。

[*13] 植物から得られる揮発性成分であり、植物の香りの本体である。エッセンシャルオイルともいう。

[*14] 炭化水素のものをテルペン、酸素を含むものをテルペノイドと呼ぶ。

[*15] テルペノイドやステロイドは、イソプレンではなくイソペンテニル二リン酸から何段階も経て合成される。この過程で酸素官能基の導入や転位も起こるため、イソプレンと全く同じ骨格が残るわけではない。

OPP P:リン酸基
イソペンテニル二リン酸

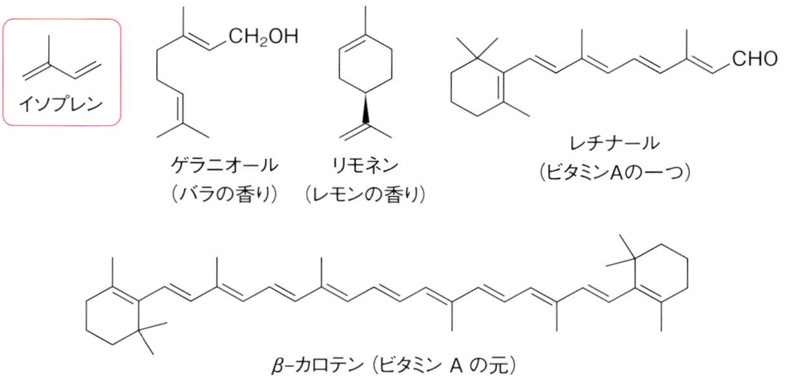

図 14・10　イソプレンとテルペノイドの構造

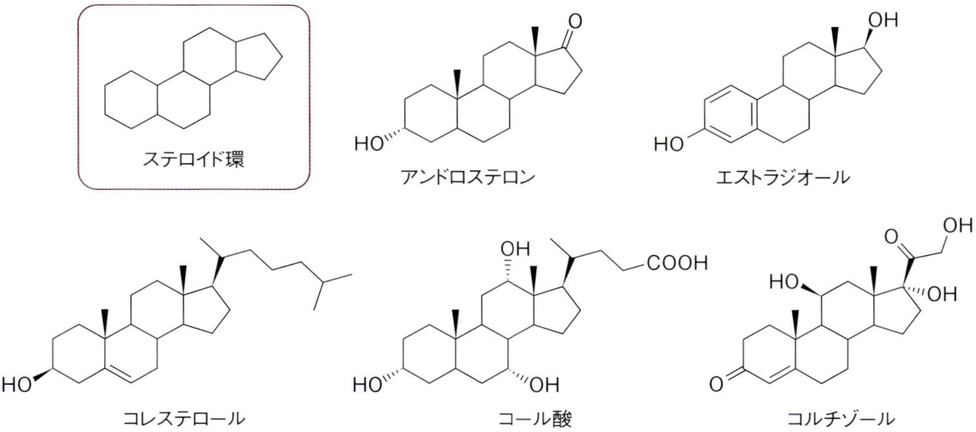

図 14・11　ステロイドの構造

に難溶であるため、体内で増えすぎると血管内部で析出が起こる。これが血液の流れを妨げ、動脈硬化や高血圧などの病気の原因となる。コレステロールの一部は、肝臓で胆汁酸の一種である**コール酸**に変換される。コール酸は両親媒性物質であり界面活性剤として作用し、コレステロールをはじめとした水に難溶な脂質分子の消化吸収を助ける働きがある。

また、ステロイドの多くは**ホルモン**として働く。ホルモンは体内の器官に作用し、からだの機能調節に関与する物質である。成熟と生殖を調節する**性ホルモン**としては、男性ホルモンであるテストステロン[*16]やアンドロステロン、女性ホルモンであるエストラジオールやプロゲステロンなどがある。一方、代謝過程の調節を行う**副腎皮質ホルモン**としてはコルチゾンやコルチゾールなどがあり、抗アレルギー薬や抗炎症薬など種々の医薬品にも利用されている。

[*16] スポーツ選手のドーピング薬物として知られるアナボリックステロイドは、テストステロンなど男性ホルモンと類似の構造で筋肉増強作用を持つ、人工的に合成されたステロイドである。

Column　悪玉コレステロールと善玉コレステロール

　食物の摂取や体内での合成により得られた中性脂肪やコレステロールは、血液の流れに乗って全身に送られる。しかし、これらの脂質は水に溶けにくく、そのままでは親水的な環境である血液中に溶け込むことは困難である。そこで、リン脂質やタンパク質が疎水性の脂質を包み込んだリポタンパク質と呼ばれる顆粒の形になって輸送が行われる。リポタンパク質は表面が親水性になっており、これにより疎水性の脂質が血液中に溶け込むことができる。

　中性脂肪やコレステロールエステルなど、疎水性の脂質はリポタンパク質の内部に存在している。これらの脂質とタンパク質の組成によりリポタンパク質の密度やサイズは異なり、脂質の割合が大きいほど密度は小さく、サイズは大きくなる。リポタンパク質は密度の違いにより主に4種類に分類されており、密度の小さい方からカイロミクロン、超低密度リポタンパク質（VLDL）、低密度リポタンパク質（LDL）、高密度リポタンパク質（HDL）と呼ばれる。

　カイロミクロンやVLDLは中性脂肪を多く含み、前者は主に食事から摂取した脂質、後者は主に肝臓で合成された脂質を、脂肪組織や筋肉など全身に運んでいる。LDLはコレステロールを多く含み、肝臓で合成されたコレステロールを全身に運ぶ役割を持っている。一方、HDLは体内の組織で過剰になっているコレステロールを回収し、肝臓に戻す働きがある。肝臓に戻されたコレステロールは胆汁酸に変換される。

　ここで、LDLは悪玉コレステロール、HDLは善玉コレステロールと呼ばれている。悪玉コレステロールと善玉コレステロールはよく聞く言葉であるが、コレステロールそのものではなく、コレステロールを含むリポタンパク質のことなのである。本文（14・4・2項参照）にあるように、過剰のコレステロールは血管内で析出し動脈硬化の原因となり、ひいては心臓や脳の疾患に結びつく。上で述べたように、全身のコレステロール量を増やすのはLDLであり、逆にHDLは減らす働きがある。それゆえ、LDLが増え、HDLが減るとこれらの病気のリスクが高まると考えられている。ところで、悪玉とはいうが、コレステロール自体は細胞膜の構成成分であり、ホルモン合成にも関与するなど体にとって必要な物質であるから、LDLは決して不要なわけではない。LDLとHDLのバランスが重要なのである。

演習問題

14.1　炭素数が同じ脂肪酸であるステアリン酸とリノレン酸の融点の違いの理由を説明せよ。

14.2　常温では、動物油脂の多くが固体であり植物油の多くは液体である。このような違いが生じる理由を説明せよ。

14.3　分子量882の油脂のヨウ素価が115であったとき、この油脂1分子中に含まれる二重結合の数は何個か。

14.4　コーン油100％のマーガリンが液体でなく固体である理由を説明せよ。

14.5　リノール酸、リノレン酸、オレイン酸各1分子からなる油脂を、水酸化ナトリウム水溶液を用いて加水分解したときに生成する全ての化合物の構造を示せ。

14.6　両親媒性物質とはどのような物質か。例をあげて説明せよ。

14.7　ミセルとベシクルの違いを説明せよ。

14.8　細胞膜の構造を説明せよ。

14.9　テルペノイドとはどのような特徴を持つ化合物か説明せよ。

14.10　男性ホルモンの例をあげよ。

第15章 アミノ酸・タンパク質の構造と反応

タンパク質はアミノ酸がペプチド結合により多数連結したポリペプチドである。タンパク質は生物の体を作るだけでなく、生体内で起こる化学反応の触媒や物質の運搬など、生命活動に幅広く関わる。これらタンパク質の働きは、アミノ酸の配列と立体構造に大きく左右される。立体構造は水素結合をはじめとした非共有結合やジスルフィド結合により安定化されており、これらの相互作用が熱などにより壊れると、タンパク質の立体構造は崩れ、その機能は失われる。

15・1 アミノ酸

旨味調味料や健康食品などにもよく用いられる**アミノ酸**は、生体内においては、タンパク質の構成成分として重要である。

15・1・1 アミノ酸の構造

アミノ酸は文字通り塩基性のアミノ基と酸性のカルボキシ基の両方を持つ化合物である。アミノ基とカルボキシ基が同じ炭素原子（α炭素）に結合しているものを **α-アミノ酸**[*1]という。α-アミノ酸のα炭素には、他に水素、**側鎖**（あるいは**残基**）と呼ばれる原子（団）が結合している（図15・1）。タンパク質を構成するアミノ酸は20種類あり、いずれもα-アミノ酸である（表15・1）。このうちイソロイシンなど9種類のアミノ酸[*2]は、ヒトの体内で合成することができないため食物から摂取する必要があり、**必須アミノ酸**と呼ばれている。

タンパク質を構成するアミノ酸は、側鎖Rが水素であるグリシンを除いて、いずれもα炭素が不斉炭素になっている。このため、アミノ酸にはD体とL体の2種類の鏡像異性体が存在する（図15・2）が、天然のタンパク質に含まれるアミノ酸はL体のみである。

*1 アミノ基が結合する炭素の位置によって、β-アミノ酸やγ-アミノ酸も存在する。γ-アミノ酸の例として、神経伝達物質であるγ-アミノ酪酸（GABA）がある。

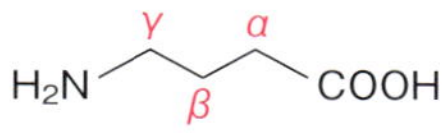

GABAの構造

図15・1 α-アミノ酸の一般構造

*2 アルギニンはヒトの体内で合成することができるが、成長の速い幼児期には不足するため、必須アミノ酸に含めることがある。

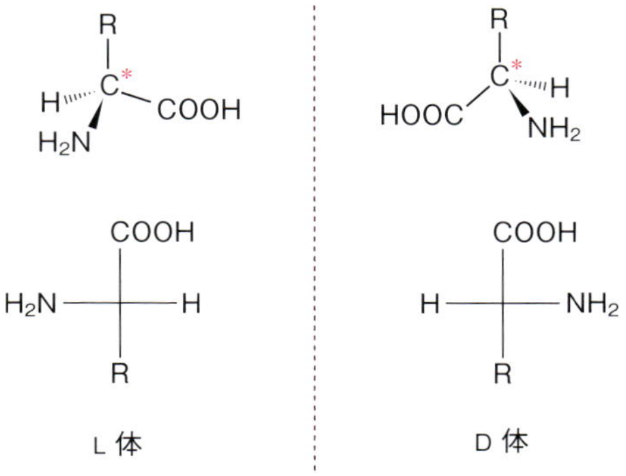

図15・2 L体とD体のアミノ酸の立体構造（上）とフィッシャー投影式（下）

表 15・1 タンパク質を構成するアミノ酸

名称	略号	構造	等電点
中性アミノ酸			
グリシン Glycine	Gly (G)	H—CHCOO⁻ 　　| 　NH₃⁺	5.97
アラニン Alanine	Ala (A)	CH₃—CHCOO⁻ 　　　| 　　NH₃⁺	6.01
バリン* Valine	Val (V)	CH₃CH—CHCOO⁻ 	| 　CH₃　NH₃⁺	5.96
ロイシン* Leucine	Leu (L)	CH₃CHCH₂—CHCOO⁻ 	| 　CH₃　　　NH₃⁺	5.98
イソロイシン* Isoleucine	Ile (I)	CH₃CH₂—CHCOO⁻ 	| 　　CH₃　NH₃⁺	6.02
フェニルアラニン* Phenylalanine	Phe (F)	C₆H₅—CH₂—CHCOO⁻ 　　　　　　| 　　　　　NH₃⁺	5.48
セリン Serine	Ser (S)	HOCH₂—CHCOO⁻ 　　　　| 　　　NH₃⁺	5.68
トレオニン* Threonine	Thr (T)	CH₃CH—CHCOO⁻ 	| 　OH　NH₃⁺	5.60
チロシン Tyrosine	Tyr (Y)	HO—C₆H₄—CH₂—CHCOO⁻ 　　　　　　　| 　　　　　　NH₃⁺	5.66
システイン Cysteine	Cys (C)	HSCH₂—CHCOO⁻ 　　　　| 　　　NH₃⁺	5.07
メチオニン* Methionine	Met (M)	CH₃SCH₂CH₂—CHCOO⁻ 　　　　　　　| 　　　　　NH₃⁺	5.74
トリプトファン* Tryptophane	Trp (W)	(インドール環)—CH₂—CHCOO⁻ 　　　　　　　　| 　　　　　　　NH₃⁺	5.89
プロリン Proline	Pro (P)	(ピロリジン環)CHCOO⁻ 　　　　| 　　　NH₂⁺	6.30
アスパラギン Asparagine	Asn (N)	H₂NCCH₂—CHCOO⁻ 　　‖　　　| 　　O　　NH₃⁺	5.41
グルタミン Glutamine	Gln (Q)	H₂NCCH₂CH₂—CHCOO⁻ 　　‖　　　　　| 　　O　　　NH₃⁺	5.65
酸性アミノ酸			
アスパラギン酸 Aspartic acid	Asp (D)	⁻OOCCH₂—CHCOO⁻ 　　　　　| 　　　　NH₃⁺	2.77
グルタミン酸 Glutamic acid	Glu (E)	⁻OOCCH₂CH₂—CHCOO⁻ 　　　　　　　| 　　　　　NH₃⁺	3.22
塩基性アミノ酸			
アルギニン Arginine	Arg (R)	NH₂⁺ ‖ H₂NCNHCH₂CH₂CH₂—CHCOO⁻ 　　　　　　　　　| 　　　　　　　　NH₃⁺	10.76
ヒスチジン* Histidine	His (H)	(イミダゾール環)—CH₂—CHCOO⁻ 　　　　　　　　　| 　　　　　　　　NH₃⁺	7.59
リシン* Lysine	Lys (K)	⁺H₃NCH₂CH₂CH₂CH₂—CHCOO⁻ 　　　　　　　　　　| 　　　　　　　　　NH₃⁺	9.74

『マクマリー 有機化学概説 (第 6 版)』(東京化学同人) の p. 494 – 495 の表を元に作成。

* は必須アミノ酸 (ヒトの体内で合成できないアミノ酸)

タンパク質を構成するアミノ酸には、アルファベット3文字または1文字で表す略号がある（表15・1参照）。例えば、アラニンは3文字表記ではAla、1文字表記ではAである。これらの表記方法は、タンパク質中のアミノ酸の配列を示すときによく用いられる。

15・1・2 アミノ酸の性質

アミノ酸が持っているカルボキシ基 –COOH とアミノ基 –NH$_2$ は、いずれも pH 変化によりプロトンを受け取ったり失ったりするため、水溶液中では pH により異なるイオンの構造をとる[*3,4]。例えば、アラニンでは、**図15・3**に示す3つの構造が平衡状態にある。ある pH では、–COO$^-$ イオンと –NH$_3^+$ イオンの濃度が等しくなり、このときの pH を**等電点**[*5]という。

アミノ酸の性質は、側鎖の構造に左右される。側鎖の種類により、中性、酸性、塩基性アミノ酸に分類され、また、親水性、疎水性で分類することもできる。

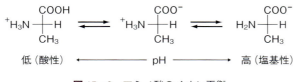

図15・3　アミノ酸のイオン平衡

15・1・3 アミノ酸の反応

アミノ酸はカルボキシ基とアミノ基に特有の反応、すなわちエステル化やアミド化、塩の形成など、カルボン酸やアミンとしての反応性を示す。例えば、旨味調味料に用いられるグルタミン酸ナトリウム（**図15・4**）は、カルボキシ基をナトリウム塩としたものである[*6]。また、分子間でアミノ基とカルボキシ基が脱水縮合することで、**ペプチド結合**を形成し、アミノ酸が多数つながった**ポリペプチド**が得られる（**図15・5**）。カルボン酸とアミンの縮合により得られる –NH–CO– の構造は、一般的な有機化合物ではアミド結合と呼ぶが、ペプチドやタンパク質の場合はペプチド結合と呼ばれている。

また、アミノ酸は**ニンヒドリン**と反応し青紫色の生成物を生じる（**図15・6**）。この反応は、アミノ酸の検出や定量に利用されている[*7]。

[*3] カルボキシ基やアミノ基が、pH 変化によりどの程度プロトン化されているかは pK_a（酸解離指数）で判断できる（9・1・2項参照）。

[*4] アミノ酸は pH により持っている電荷が異なるので、電気泳動により分離できる。

[*5] 中性アミノ酸の等電点（pI）は、そのアミノ酸のカルボキシ基とアミノ基の pK_a を用いて

$$\mathrm{pI} = \frac{\mathrm{p}K_{\mathrm{aCOOH}} + \mathrm{p}K_{\mathrm{aNH_3^+}}}{2}$$

で求められる。
たとえば、ロイシンの場合
pK_{aCOOH} = 2.36、p$K_{\mathrm{aNH_3^+}}$ = 9.60
であり、等電点は 5.98（表15・1参照）である。

```
       COONa
H₂N ─┬─ H
     (CH₂)₂COOH
```

図15・4　グルタミン酸ナトリウムの構造

[*6] 旨味があるのは L 体だけで、D 体は苦い。鏡像異性体同士で、味やにおい、薬としての作用など、生体に対する作用が異なることがよくある。

[*7] ニンヒドリン反応は指紋検出に用いられる。

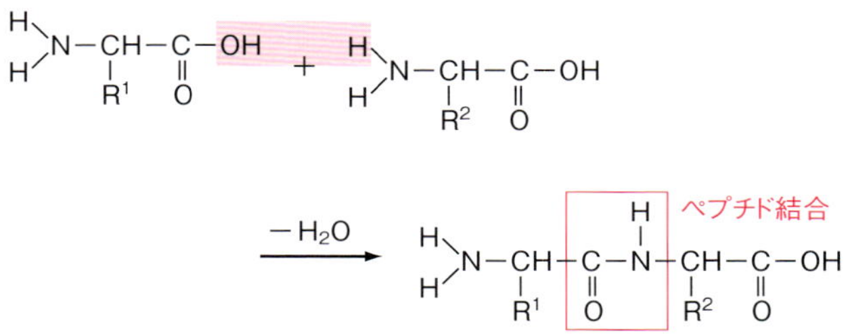

図15・5 ペプチド結合の形成

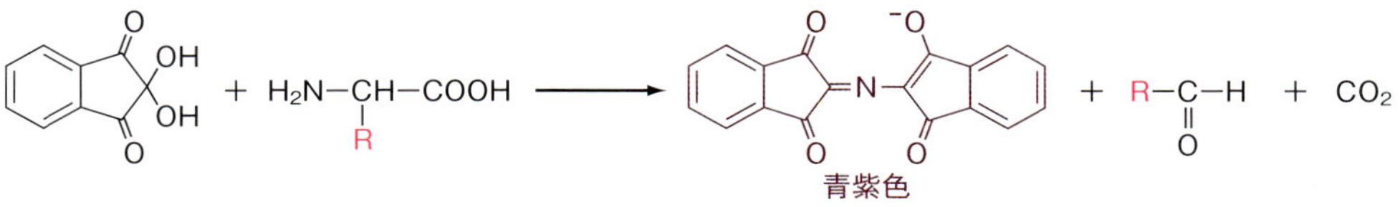

図15・6 ニンヒドリン反応

15・2 ペプチドとタンパク質

タンパク質は特定の立体構造を持ち、生体内で働くポリペプチドである。

15・2・1 ペプチドの構造（図15・7）

アミノ酸2分子、3分子からなる**ペプチド**をそれぞれジペプチド、トリペプチドといい、多数のアミノ酸からなるペプチドをポリペプチドという。ポリペプチドと呼ぶほど多くない（数個〜10数個程度）ものはオリゴペプチドという。また、ペプチドの両端はアミノ基またはカルボキシ基のいずれかが残っており、それぞれ **N末端**、**C末端** と呼ぶ。

ペプチドはその構成するアミノ酸の数が増えると、アミノ酸の結合順序の異なる多くの構造異性体が存在する。例えば、アラニン、グルタミン酸、ロイシン各1分子のアミノ酸からなるトリペプチドでは、アミノ酸の並び方により6種類[*8]が存在する。人工的にペプチドを合成する際は、目的のアミノ酸の並び順のみを得るために、アミノ基またはカルボキシ基の一方を反応できないようにして合成を行う必要がある（本章コラム参照）。

*8
Ala-Glu-Leu
Ala-Leu-Glu
Glu-Ala-Leu
Glu-Leu-Ala
Leu-Ala-Glu
Leu-Glu-Ala

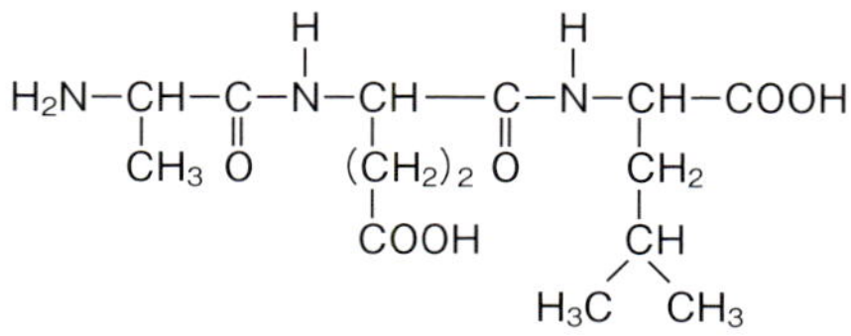

図15・7 トリペプチド Ala-Glu-Leu の構造

15・2・2 タンパク質の働き

タンパク質は生命活動においてさまざまな役割を果たしている（**表15・2**）。例えば、骨や腱、あるいは髪の毛や爪などに含まれる**コラーゲン**や**ケラチン**は、体を作る材料として働いている。体の中で行われる多種多様な化学反応には、**酵素**と呼ばれるタンパク質の存在が不可欠である。また、赤血球中に含まれる**ヘモグロビン**は、酸素を肺から全身に運搬するタンパク質である。このように、タンパク質の役割は体の構造を作るところから生体内の機能調節まで幅広い。

表15・2 タンパク質の働き

名称	機能	例
酵素	生体内反応の触媒	キモトリプシン、アミラーゼ
ホルモン	生体内の機能調整	インスリン
構造タンパク質	生体の構造形成	ケラチン、コラーゲン
輸送タンパク質	生体内の物質輸送	ヘモグロビン、アルブミン
防御タンパク質	外来物質や感染に対する防御	グロブリン
貯蔵タンパク質	栄養素などの物質の貯蔵	カゼイン、フェリチン
収縮タンパク質	運動に関わる	アクチン、ミオシン

15・2・3 タンパク質の構造

タンパク質はポリペプチドであるから、加水分解によりアミノ酸が生じる。アミノ酸（ポリペプチド）のみからなるタンパク質を**単純タンパク質**という。一方、ポリペプチドに糖、脂質、核酸などの有機分子や金属が結合したものを**複合タンパク質**という[*9]。

タンパク質の形状は大きく分けて2種類ある。一つは繊維状のもので、ポリペプチドの鎖が配列しており、水に溶けにくく強靭であるといった特性を持つ。このため、コラーゲンやケラチンなど体の構造を作る材料として使われている。もう一つは球状のもので、ポリペプチド鎖が絡み合っており、水に溶けやすく細胞の中を移動できるといった特性を持つ。酵素や生体内の機能調節に関わるタンパク質の多くは球状である。

15・3 タンパク質のアミノ酸配列と高次構造

生体内で優れた機能を発揮するタンパク質は、やみくもにアミノ酸がつながっているわけではない。タンパク質の性質には、構成するアミノ酸の性質とその配列、タンパク質分子の立体的な形（高次構造）が大きな影響を与えている。

[*9] 例えばヘモグロビンには鉄-ポルフィリン錯体が、牛乳に含まれるカゼインにはリン酸が、それぞれポリペプチド鎖に結合している。

15・3・1 一次構造

ポリペプチドを構成するアミノ酸の並び順を**一次構造**と呼ぶ。一次構造は一般に、Ala-Gly- … のように、N 末端側から順に書く。タンパク質の高次構造は、一次構造に大きく左右される。

15・3・2 二次構造

タンパク質中のポリペプチド鎖の部分的な立体構造を**二次構造**という。二次構造の代表的なものとして**αヘリックス**と**βシート**がある（**図15・8**）。αヘリックスでは、ポリペプチド鎖が右巻きのらせん構造[*10]を形成しており、アミノ酸の側鎖はらせんの外側を向いている。βシートでは、ポリペプチド鎖が整列し折りたたまれることで、平面状の構造をとり、アミノ酸の側鎖はシートの上下方向に交互に出ている。これらの構造はいずれも、ペプチド結合の N-H の水素と C=O の酸素の間の水素結合により安定化し、構造が保たれている。特定の二次構造の形を持たないものはランダムコイル構造と呼ばれる。

[*10] あるペプチド結合の N-H は、4 残基離れた C=O と水素結合を形成しており、3.6 残基でらせん一巻きになっている。

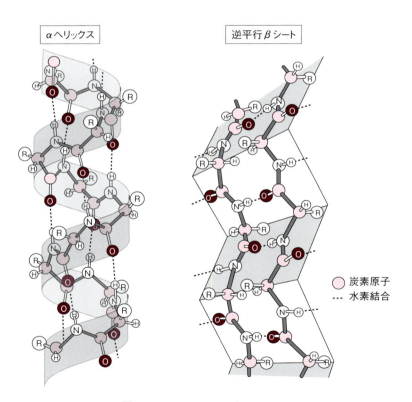

図 15・8　αヘリックスとβシート

15・3・3 三次構造

αヘリックスやβシート、ランダムコイルなどの二次構造が組み合わさってできる、ポリペプチド鎖全体の持つ立体構造を**三次構造**という。三次構造は、**水素結合、イオン結合、疎水性相互作用**などの非共有結合的な相互作用や**ジスルフィド結合（S-S結合）**により安定化し、保たれている（図15・9）。

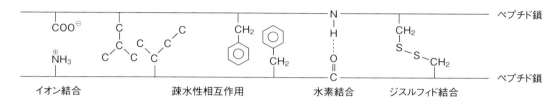

図15・9　相互作用の例

15・3・4 四次構造

タンパク質の機能は、必ずしも1分子のポリペプチド鎖だけで発揮されるとは限らない。いくつかのポリペプチド鎖が集まることで初めてタンパク質として機能を発揮することもある。このときの、複数のポリペ

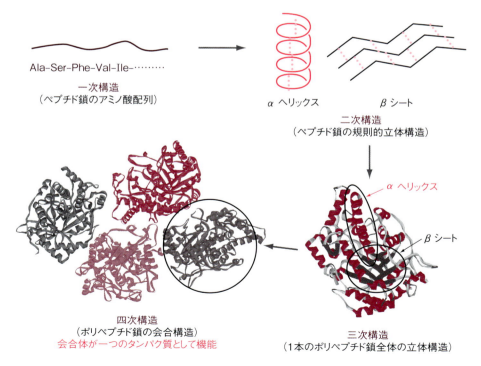

図15・10　タンパク質の高次構造のイメージ

プチド鎖が集まってできる構造を**四次構造**あるいは**サブユニット構造**と呼ぶ。例えばヘモグロビンは、2種類のポリペプチド鎖 各2本ずつ、計4本のポリペプチド鎖が組み合わさってできている。これらのポリペプチド鎖には、ヘムと呼ばれる鉄とポルフィリンからなる錯体が結合している。

一次構造から四次構造に至るイメージを**図 15・10**にまとめた。

15・3・5 変 性（図 15・11）

タンパク質の立体構造を維持している相互作用は、熱やpH[*11]、あるいは薬品の作用[*12] により比較的簡単に壊れてしまう。これにより、タンパク質の立体構造が崩れ、元々持っていた機能を失ってしまう。これを**変性**という。卵白が加熱により白く固まってしまうのは変性の一例である。なお、タンパク質の一次構造は、ペプチド結合を加水分解しない限り壊れることはない。

*11 タンパク質の変性は食品と関わりが深く、例えば、ゼラチンはコラーゲンの熱による変性、ヨーグルトはカゼインの酸（乳酸）による変性が利用されている。また、食品を加熱調理するとタンパク質の立体構造が崩れて消化されやすい形になる。

*12 パーマは、還元剤により髪の毛に含まれるケラチンのジスルフィド結合（15・3・3項）を切断し、形を整えたうえで酸化剤によりジスルフィド結合を再形成している。

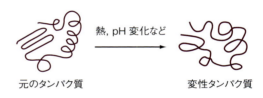

図 15・11 タンパク質の変性のイメージ

15・4 酵素の働き

酵素は、生体内で行われる化学反応を触媒するタンパク質である。触媒は、一般に反応を加速する作用を持ち、それ自身は反応により変化しない物質である[*13]。酵素反応において、反応を受ける物質を**基質**という。

*13 酵素を使うことで、反応速度が触媒を使わない場合の数百万～数億倍にも達する。

15・4・1 酵素の特徴

生体内では実に多様な化学反応が進行している。例えば、食事により取り入れたデンプンを分解（消化）してグルコースにするのもその一つである。生体内で行われるこれらの化学反応は、極めて効率的に、しかもミスなく進められなければならない。われわれが実験室で反応を行うと、多くの場合、目的物以外の物質（副生成物）ができてしまう。生体内でこのようなことは許されない。例えば、副生成物が生体に対して毒になる物質であると命に関わる。また、実験室では、反応を進めるために反応物を加熱したり、触媒として強酸や強塩基を加えたりすることがあ

る。これも生体内では無理な話で、反応温度は体温程度、pH も一部の例外を除いて中性の pH 7 付近で反応を進めなければならない。このような極めて制約の多い条件下で、酵素は、特定の基質に対してのみ作用し（**基質特異性**）、副生成物を伴うことなく目的化合物を確実に生成する、非常に優れた触媒なのである。

15・4・2　酵素反応の実際

酵素は球状タンパク質であり、その中に基質が結合する部分（基質結合部位）を持っている。この基質結合部位の形は、対象となる基質がピッタリとはまるようになっており、これにより酵素と基質の複合体を形成する（**図 15・12**）。このとき、基質分子は基質結合部位の空間の形状と合っているだけでなく、水素結合やイオン相互作用などによりその場所にしっかりと固定される。さらに、触媒として働くアミノ酸の側鎖[*14]が基質の反応を受ける部位の近くに配置されている。これにより、目的の基質を確実に反応させるのである[*15]。具体例として、タンパク質加水分解酵素であるキモトリプシンの基質結合部位の様子を **図 15・13** に示しておく[*16]。

図 15・12　酵素反応の模式図

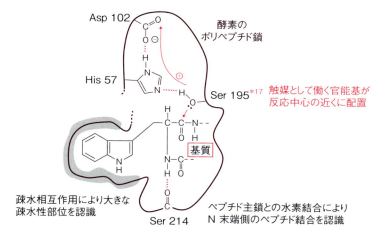

図 15・13　キモトリプシンの基質結合部位の様子

[*14] アミノ酸側鎖では進められない反応もあり、この場合、ビタミンなどから得られる補酵素や金属イオンが酵素と結合して反応を進める。このような場合、酵素本体のタンパク質（アポ酵素）は、基質分子を認識し、反応の場を提供するのが主な役割となる。

[*15] 通常、反応は反応に関わる分子同士が衝突することで起こるが、酵素反応の特徴は単純な衝突では説明がつかない。このような酵素特有の反応形式をミカエリス–メンテン型反応という。

[*16] 大きな疎水性部位を認識することで、Trp、Phe、Tyr など芳香環を持ったアミノ酸の C 末端側のペプチド結合を選択的に加水分解する。

[*17] 数字はペプチド鎖中のアミノ酸の位置を表しており、Ser 195 は N 末端から 195 番目の位置にある Ser ということである。

Column　ポリペプチドやタンパク質の合成

ジペプチド Ala-Gly を得るために、等量の Ala と Gly を用いて反応を行うと、Ala-Gly 以外に Gly-Ala や Gly-Gly、あるいは 3 つ以上のアミノ酸が縮合したペプチドなど、さまざまな副生成物が生じる。ジペプチドでこの有り様であるから、ポリペプチドの合成は途方もない。

目的のアミノ酸配列を確実に得るには、アミノ基とカルボキシ基の一方を反応できないように保護して縮合を行う。例えばアミノ基の保護基として Fmoc 基、カルボキシ基の保護基としてエステルがある。また、縮合反応は通常、強酸の添加や高温など過酷な条件を必要とするが、DCC などの脱水縮合剤を用いることで温和な条件で反応が進むようになる。縮合後に保護基を外す（脱保護）ことで、目的のペプチドが得られる。この保護→縮合→脱保護の手順を繰り返し、一つずつアミノ酸を増やしていくことで、ポリペプチドを合成できる。また、この手順を、アミノ酸を結合させた高分子樹脂を用いて行う固相合成法では、各段階で原料や縮合剤を洗い流すだけで簡便にペプチドの合成が行えるようになり、合成できるペプチドの長さも、従来の液相反応よりも大幅に増えた。現在ではこの固相合成法が発達し、自動合成装置も多く見られるようになった。

一方、遺伝子工学の手法を用いたペプチド合成法も確立されている。生体内では DNA の持つ遺伝情報に従ってタンパク質が合成される（I 巻 13・4 節）。そこで、目的のタンパク質に対応する DNA を合成し、大腸菌などの微生物に導入してタンパク質を合成させるのである。最近は生きた細胞を使わず試験管内で合成する技術も発達し、有用なタンパク質の大量合成が可能になっている。

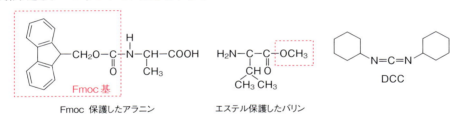

Fmoc 保護したアラニン　　エステル保護したバリン　　DCC

演習問題

15.1　酸性アミノ酸を全てあげよ。

15.2　グルタミン酸, セリン, バリン, フェニルアラニン, リシン, ロイシンのうち、親水性アミノ酸を選べ。

15.3　アラニン、イソロイシン、バリンの 3 つのアミノ酸からなるトリペプチドの構造を全て示せ。

15.4　ニンヒドリン反応とはどのような反応か説明せよ。

15.5　タンパク質の一次構造とは何か説明せよ。

15.6　α ヘリックスと β シートとはどのような構造か図示せよ。

15.7　タンパク質の三次構造を安定化する相互作用の例を 1 つあげ、どのようなアミノ酸側鎖の間に働くか説明せよ。

15.8　タンパク質の変性とは何か、具体例をあげて説明せよ。

15.9　酵素が特定の基質に対して選択的に作用する理由を説明せよ。

15.10　8 種類のアミノ酸からなるオクタペプチド Ala-Val-Phe-Met-Ser-His-Trp-Ile を、酵素キモトリプシンを用いて加水分解したときに得られる全てのペプチドの構造を、アミノ酸の 3 文字略号を用いて示せ。

演習問題解答

第1章　有機化学反応の種類

1.1　一分子反応：酸の解離反応
　　　二分子反応：残り全て

1.2　$\left(\dfrac{1}{2}\right)^n = \dfrac{1}{8}$　∴ $n = 3$　3時間後

1.3　7時間後　（図1・6参照）

1.4　反応することのできる出発物質が少なくなるため。

1.5　2倍

1.6　$2^2 = 4$倍

1.7　求電子試薬：Y^+
　　　求核試薬：残り全て

1.8　グループ全体の仕事の速さは、仕事の最も遅い人の速度に依存しているため。

1.9　源泉かけ流し温泉の浴槽の湯量。入って来る湯の量と、流れ去る湯の量が同じなので、浴槽の湯の量は常に一定。しかし、浴槽の湯は常に変化している。

1.10　本章コラム参照。

第2章　遷移状態と中間体

2.1　伸縮振動エネルギー、変角振動エネルギー、回転エネルギー、結合エネルギー、電子エネルギー、原子核エネルギー、等々

2.2　発熱反応：化学カイロ、燃焼
　　　吸熱反応：簡易冷却パック、水の気化反応

2.3　外部からエネルギーを供給する。多くの場合は加熱する。

2.4　遷移状態はエネルギー極大状態にあり、単離不可能。中間状態は生成物の一種で、エネルギー極小状態であり、単離可能。

2.5　正反応の活性化エネルギーは $E_{a正}$ であり、逆反応のものは $E_{a逆}$ である。

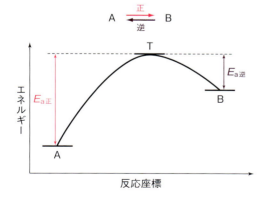

2.6 下図の通り

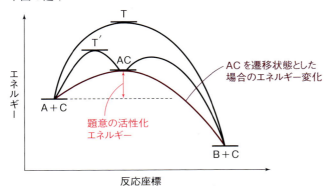

2.7 ① 反応は速くなる。② 反応は遅くなる。

2.8 コーヒーの香りが部屋に広がる。

2.9 脱離反応:分子数が増えるので正。

開環反応:分子運動の自由度が増えるので正。

2.10 遷移状態の構造が生成物の構造に似ているので、吸熱反応と推定される。

第3章 有機反応機構の表現法

3.1 水素分子には電子が2個しかなく、ヘテロリティックに切断しようとすると、片方の原子には電子が2個、もう片方には0個と、偏りが大きくなる。また H^- は不安定(高エネルギー)であり、生成しにくい。

$$H_2 \longrightarrow 2H\cdot$$

3.2 H^+、OH^- ともに安定なイオンで生成しやすい。

$$H_2O \longrightarrow H^+ + OH^-$$

3.3 塩素は電子求引性であり、I効果によってベンゼン環の電子密度を下げるので、求電子攻撃が起きにくくなる。

3.4 (メタ位を攻撃)

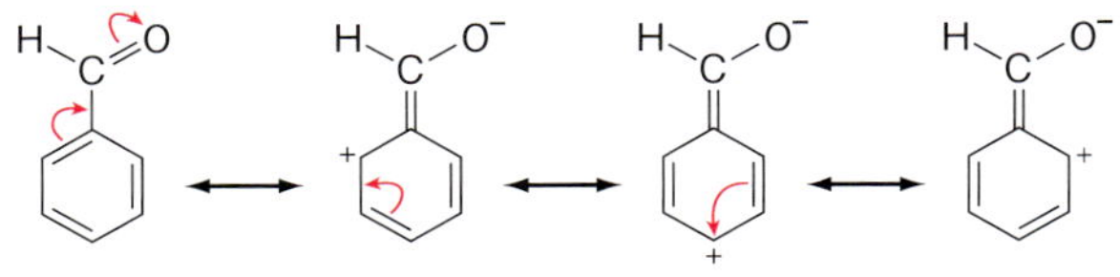

3.5 (オルト・パラ位を攻撃)

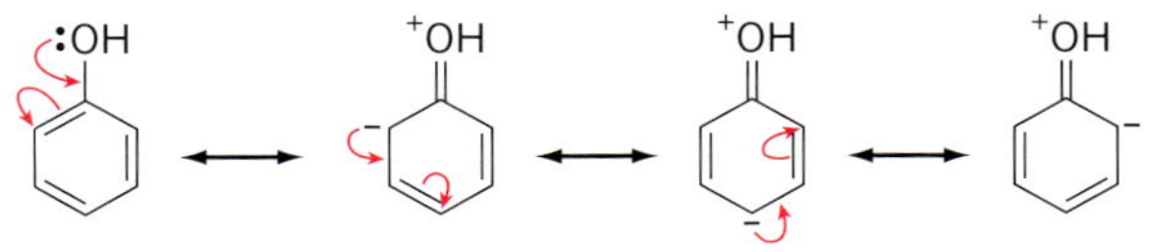

3.6

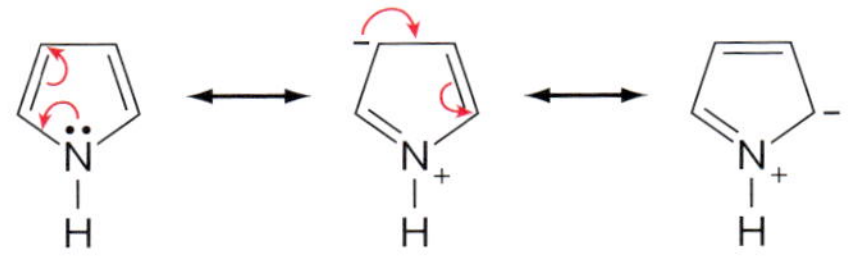

3.7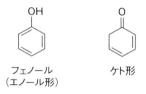

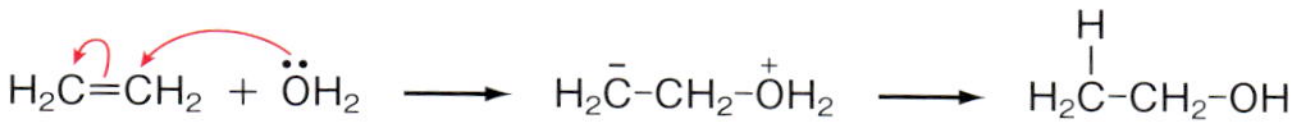

3.8

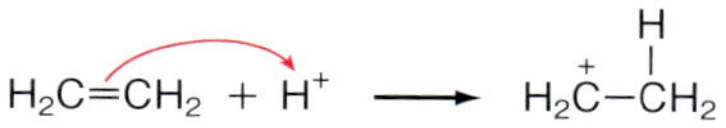

3.9

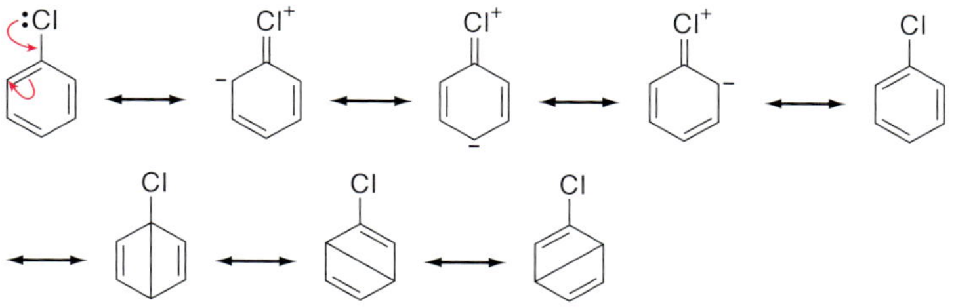

3.10 エノール形は芳香族であり、低エネルギーである。

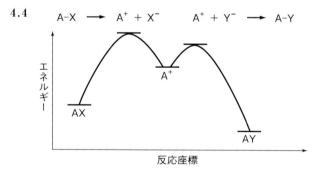

第4章 置換反応

4.1 求核反応は求核試薬が基質の電子不足部分を攻撃する反応。求電子反応は求電子試薬が基質の電子過剰部分を攻撃する反応。

4.2 一分子反応は1個の分子が起こす反応。二分子反応は2個の分子が衝突することによって起こる反応。

4.3 中間体。中間体は生成物の一種である。

4.4

A-X ⟶ A⁺ + X⁻   A⁺ + Y⁻ ⟶ A-Y

4.5 逐次反応において反応全体の反応速度を決定する段階であり、最も遅い反応。

4.6 4・2・3A を参照。

4.7 シクロプロパンの内角は60°である。それに対してS$_N$2反応の中間体はsp^{2}混成であり、結合角度は120°になる。そのため、S$_N$1機構で進行する。

4.8 上と同じ理由で、sp^{2}カチオン(平面カチオン)になることができない。

4.9 図4・8参照。

4.10 溶媒の水分量を増やすと、イオンを安定化させる効果がある。そのために速度が速くなるということは、反応途中でイオンが生成していることを示唆する。したがってS$_N$1反応であると考えられる。

第5章　脱離反応

5.1 A：CH₃-CH=CH₂　　B：C₆H₅-CH=CH₂

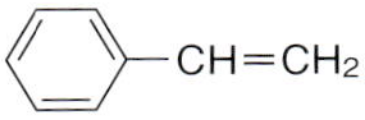

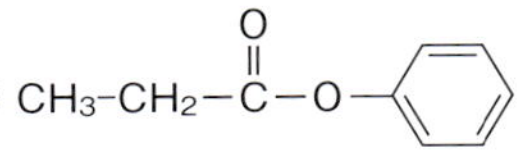

C：CH₃-CH₂-C(=O)-O-C₆H₅　　D：C₆H₅-C(=O)-O-C(=O)-C₆H₅

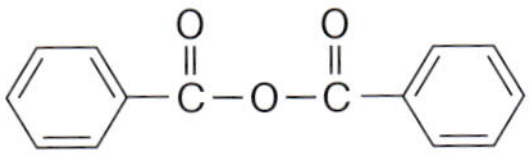

5.2 E1反応は出発分子から脱離基が脱離することによって起こる反応。E2反応は塩基が出発分子を求核攻撃することによって起こる反応。

5.3 C-C結合の回転によって、置換基の立体的関係が変化するため、シス体とトランス体の二種類が生成する。一般にトランス体の方が、置換基に基づく立体反発が小さい。

5.4 全ての置換基が等しいので、シス体、トランス体の区別が無くなる。

5.5 図5・5参照。

5.6 アンチ配置は途中で安定なねじれ形配置を経由するため。

5.7 E1反応において、二重結合にできるだけたくさんの置換基が付いた生成物が優先して生成すること。

5.8 E2反応において、塩基ができるだけ立体的に混み合っていない水素を優先的に攻撃すること。

5.9 R-O-R′

5.10 アルコールの酸素は求核性が高く、かつカルボン酸のカルボニル炭素は電子密度が低い。そのためアルコール酸素がカルボニル炭素を攻撃するため。

第6章　付加反応

6.1 A：CH₃-CH₂-CH(OH)-CH₃　　B：C₆H₅-CH₂-CHCl-C₆H₅

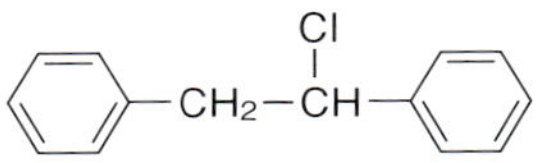

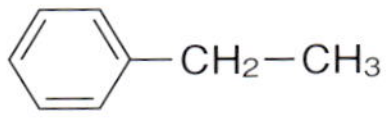

C：C₆H₅-CH₂-CH₃　　D：デカリン(二環式アルケン)

6.2 (H₃C)(H)C=C(H)(CH₃) （シス体）

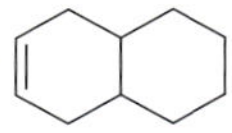

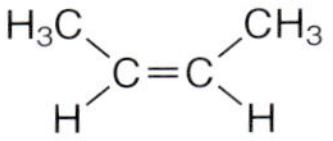

6.3 金属触媒表面で生じた活性水素が反応するため。

6.4 反応の最初にBr^+が二重結合に付加してブロモニウムイオンを生じるため、次に付加するBr^-はBr^+の攻撃面とは反対の方向から攻撃せざるを得ない。

6.5 図6・5参照。

6.6 図6・6参照。

6.7 反応途中で生じたカチオン中間体を安定化させるためには、カチオン炭素に電子供与基のアルキル基がたくさん付いた方が有利。

6.8 1位に水素が付くと安定なカチオン中間体1が生成し、2位に水素が付くと2が生成する。1と2では、1は二重結合のπ電子が非局在化することができるので安定である。そのため、1位には水素が付くので、結果的にXは1位に付くことができない。

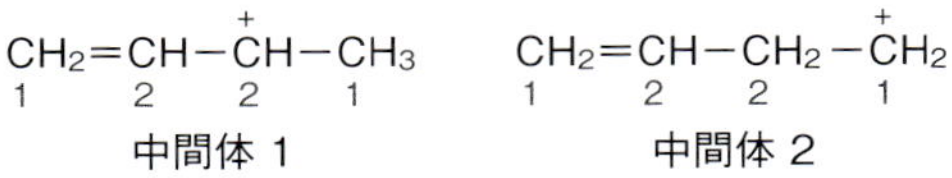

$$CH_2=CH-\overset{+}{C}H-CH_3 \qquad CH_2=CH-CH_2-\overset{+}{C}H_2$$
$$1221 \qquad 1221$$
中間体1　　　　　　　中間体2

6.9 [反応式: シクロヘキサジエン + 無水マレイン酸 → ビシクロ付加体]

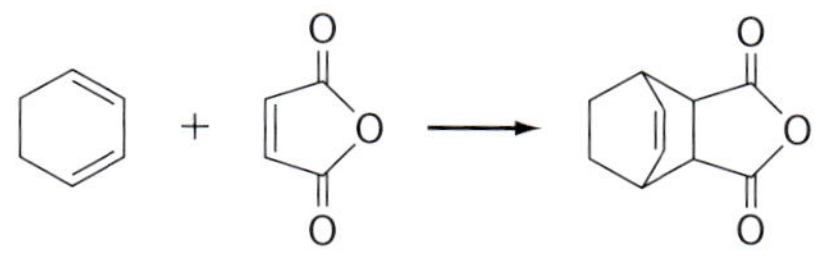

6.10 [ビシクロ構造の無水物]

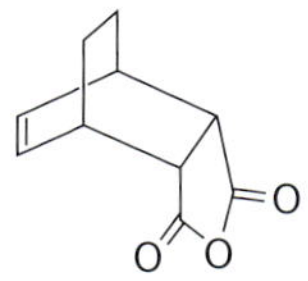

第7章 アルコール、エーテル、アミンの反応

7.1
第一級：CH_3-CH_2-OH　　第二級：$CH_3-\underset{\underset{CH_3}{|}}{C}H-OH$

第三級：$CH_3-\underset{\underset{CH_3}{|}}{\overset{\overset{CH_3}{|}}{C}}-OH$

7.2
一価：$CH_3-CH_2-CH_2-OH$　　二価：$CH_3-\underset{\underset{OH}{|}}{C}H-CH_2-OH$

三価：$\underset{\underset{OH}{|}}{C}H_2-\underset{\underset{OH}{|}}{C}H-\underset{\underset{OH}{|}}{C}H_2$

7.3 フェノール酸素の負電荷がベンゼン環によって下式のように非局在化されて安定化されるため。

[共鳴構造式]

7.4 アルコールの酸素を ^{18}O に換えて反応させる。アルコールが OH を出すのなら、生成した水は $H_2^{18}O$ となって分子量は 20 となる。

7.5
一段階：[エポキシドへのB⁻求核攻撃機構]

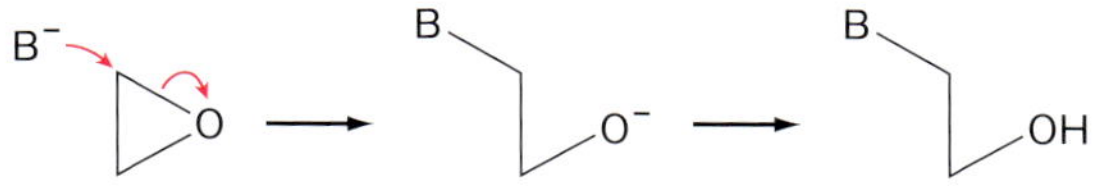

二段階：[酸性条件下でのエポキシド開環機構]

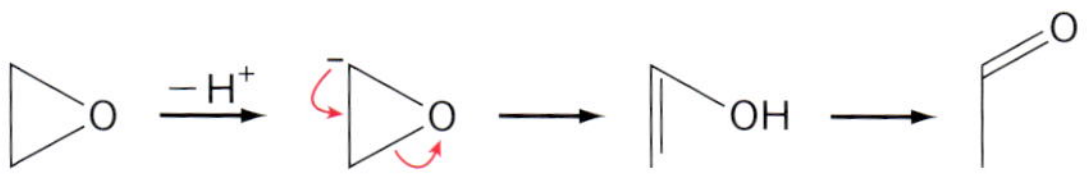

7.6 下図のように、内径が変化することによる。

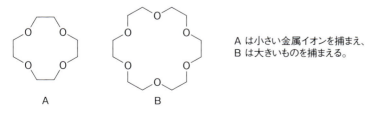

A は小さい金属イオンを捕まえ、
B は大きいものを捕まえる。

7.7 DNA、ヘモグロビン

7.8 メチル基の立体障害によってH^+が窒素に近づくことができない。

7.9 窒素上の非共有電子対でH^+と結合する。

7.10 アミノ酸が結合した分子の両端にはカルボキシ基とアミノ基が存在するので、それを使ってさらに他のアミノ酸と結合することができる。

第8章　ケトン、アルデヒドの反応

8.1 8・2節側注2参照。

8.2 フェーリング反応：青いCu^{2+}を還元してCu_2Oの赤い沈殿にする。
銀鏡反応：Ag^+を還元して金属銀の鏡にする。

8.3

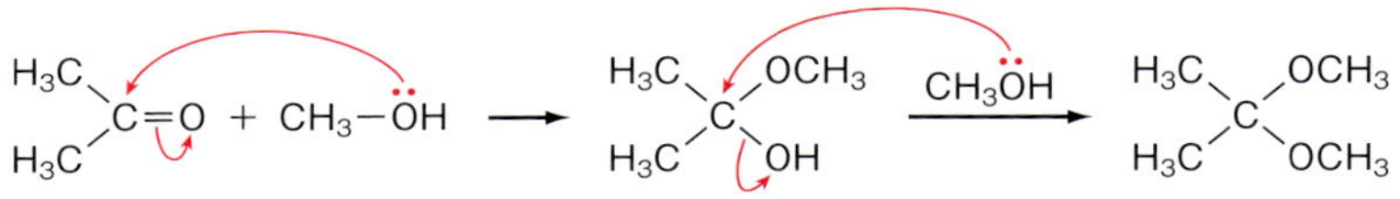

8.4

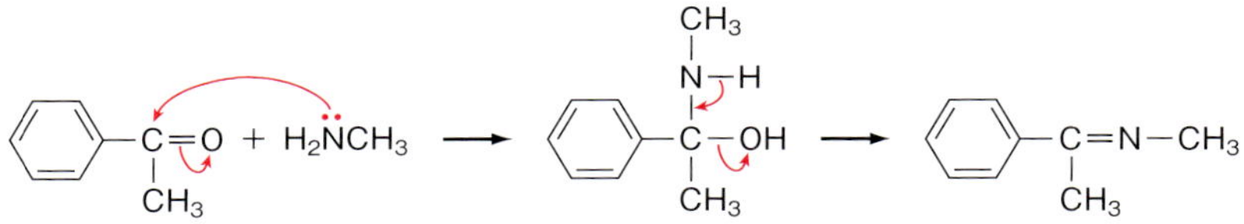

8.5 図8・7参照。

8.6 図8・8参照。

8.7 図8・9参照。

8.8 図8・10参照。

8.9 図8・13参照。

8.10

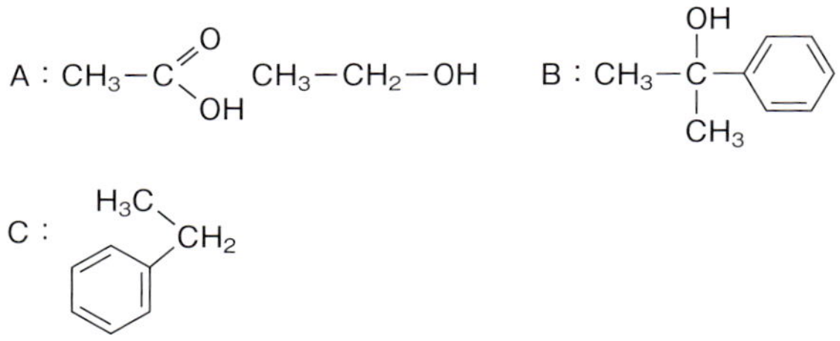

第9章　カルボン酸の反応

9.1 図9・1参照。

9.2 下図のような長いリボン状。

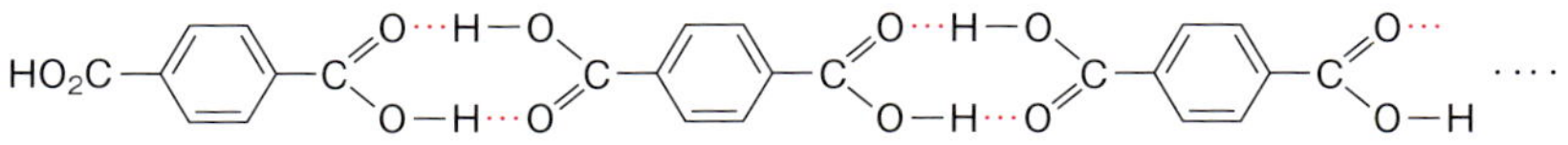

9.3 酢酸のメチル基の電子供与作用によってカルボキシ基のHがH^+として外れにくくなる。

9.4 図9・4参照。

9.5

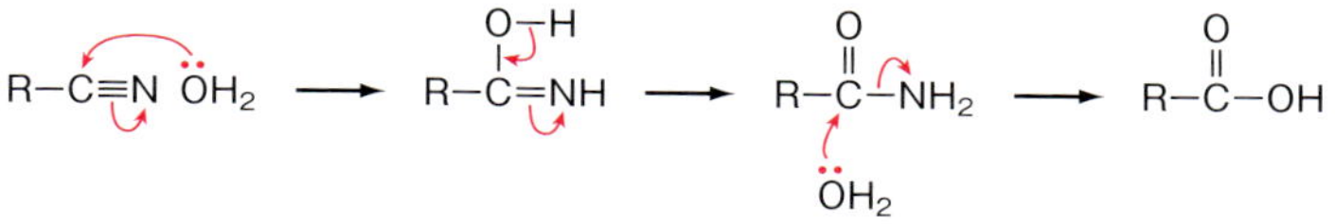

[反応機構図: R-C≡N + OH₂ → R-C(OH)=NH → R-C(=O)-NH₂ (+OH₂) → R-C(=O)-OH]

9.6

[反応機構図: R-C(=O)-OH + :NH₂R → R-C(OH)(OH)-NHR → R-C(=O)-NHR]

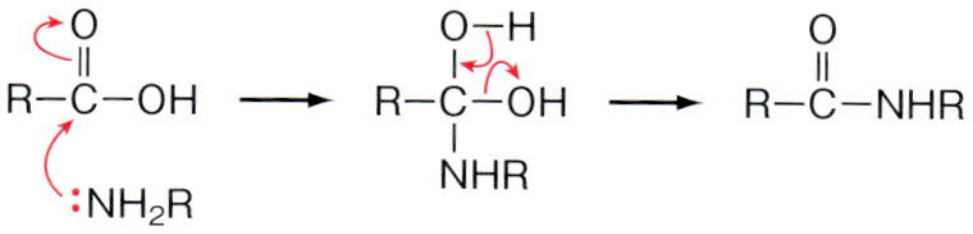

9.7 図9・9参照。

9.8 塩素の電子求引作用によって，カルボニル炭素が大きく電子不足になっているため。

9.9 疎水性部分が水に入るのを嫌うため。

9.10 洗剤を用いれば，洗剤の親水性部分が水溶性の汚れに付着する。その後は洗濯の場合と同様に進行し，水溶性の汚れは両親媒性分子の分子膜につつまれて有機溶剤に溶け出す。

第10章 転位反応

10.1 図10・5参照。

10.2 図10・9参照。

10.3 図10・12参照。

10.4 図10・4参照。

10.5 図10・6参照。

10.6

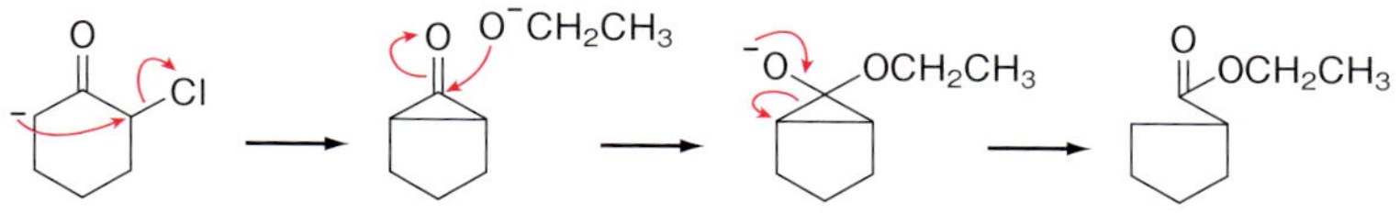

[反応機構図: シクロヘキサノン-Cl → 中間体 → エチルエステル転位生成物 (シクロペンタンカルボン酸エチル)]

10.7

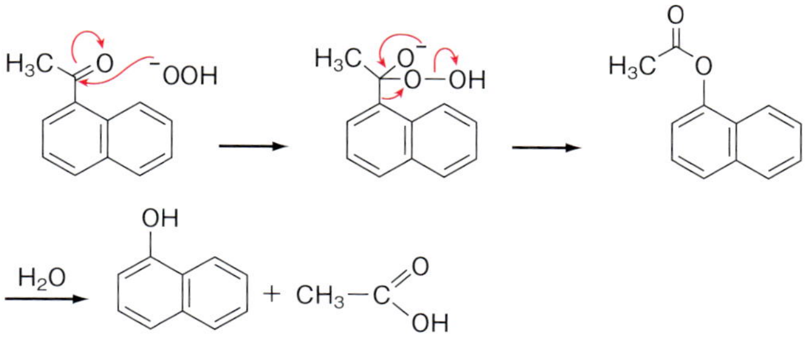

[反応機構図: 1-アセチルナフタレン + ⁻OOH → 中間体 → 1-ナフチルアセテート → H₂O → 1-ナフトール + CH₃COOH]

10.8

[反応機構図: C₆H₅-C(=O)-Cl + ⁻CH₂=N₂⁺ → C₆H₅-C(=O)-CH=N₂ → (−N₂) → C₆H₅-C(=O)-CH: → C₆H₅-CH=C=O → H₂O → C₆H₅-CH₂-COOH]

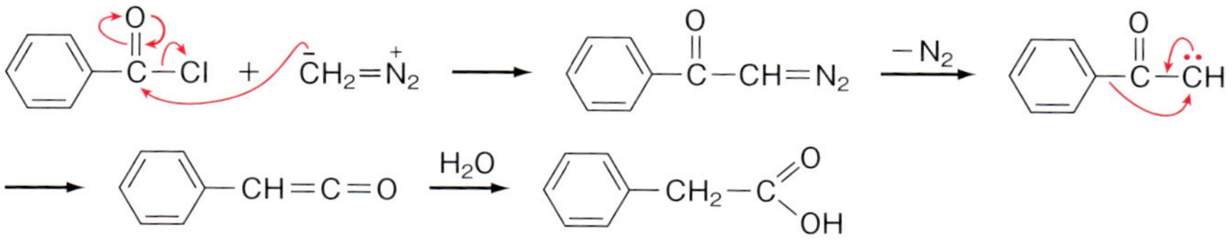

10.9 [mechanism: cyclohexanone oxime → protonation → Beckmann rearrangement → caprolactam]

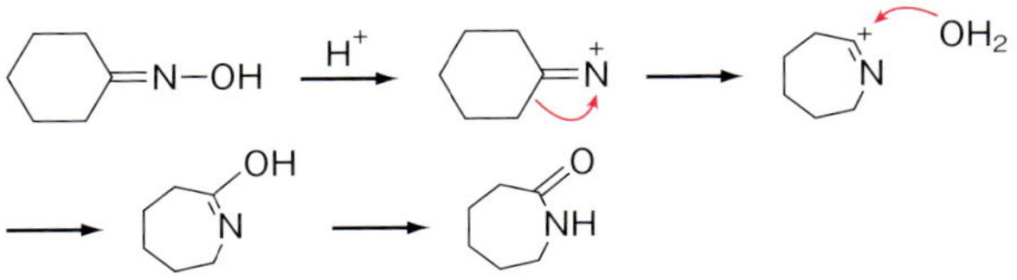

10.10 [mechanism: benzamide + NaOH/Br₂ → acyl nitrene → phenyl isocyanate → +H₂O → carbamic acid → −CO₂ → aniline]

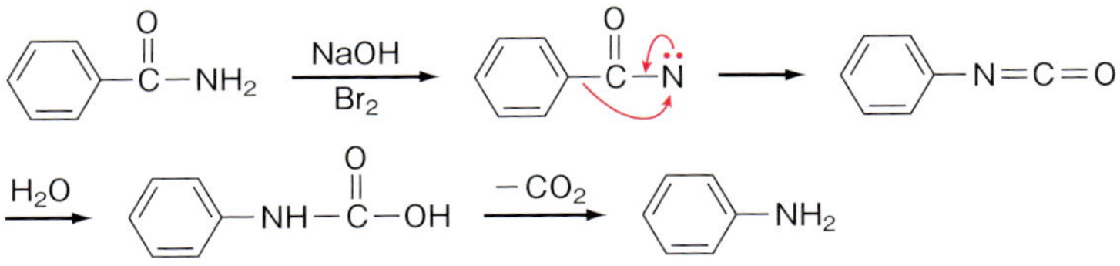

第11章 芳香族の反応

11.1 benzene + ⁺SO₃H → arenium ion intermediate → benzenesulfonic acid (PhSO₃H)

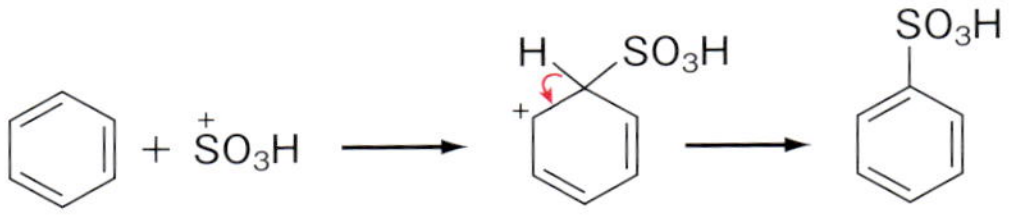

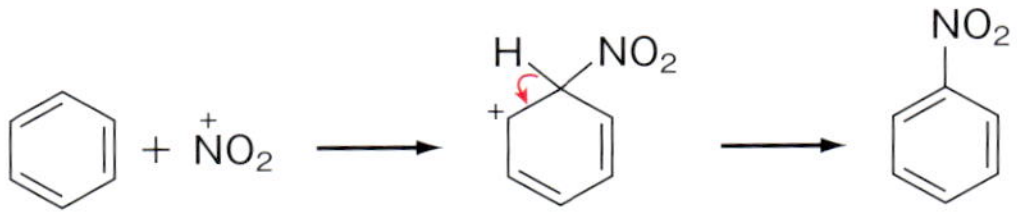

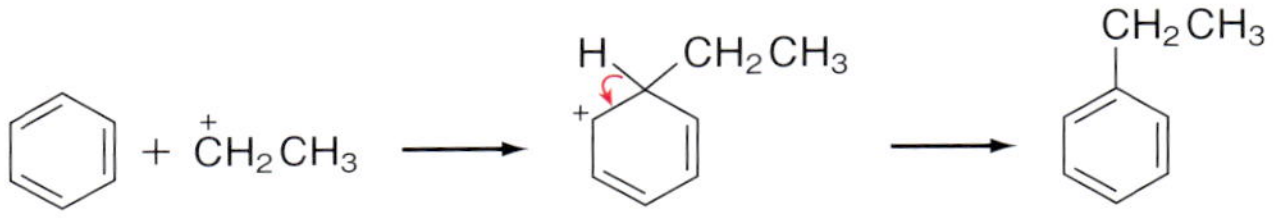

11.2 benzene + ⁺NO₂ → arenium ion intermediate → nitrobenzene (PhNO₂)

11.3 benzene + ⁺CH₂CH₃ → arenium ion intermediate → ethylbenzene

11.4 benzene + ⁺COCH₃ → arenium ion intermediate → acetophenone

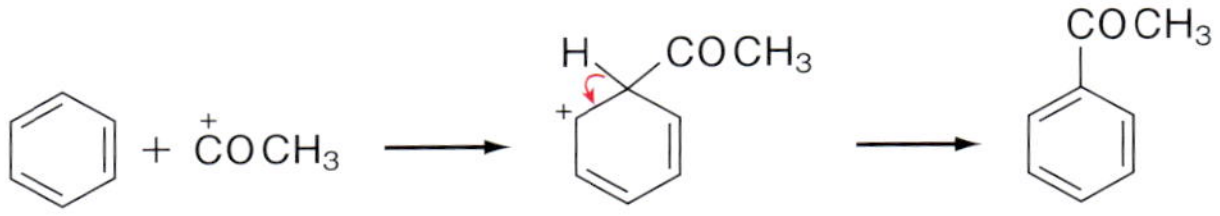

11.5 a : 2　b : 12　c : 3　d : 2　e : 3　f : 4

11.6 phenol (PhOH)

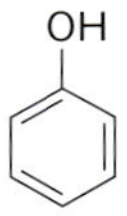

11.7 benzonitrile (PhCN)

11.8 Ph−N=N−C₆H₄−OH (4-hydroxyazobenzene)

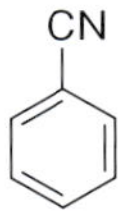

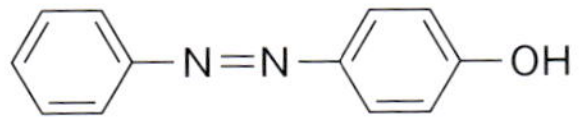

11.9 2,4,6-trinitrotoluene (TNT)

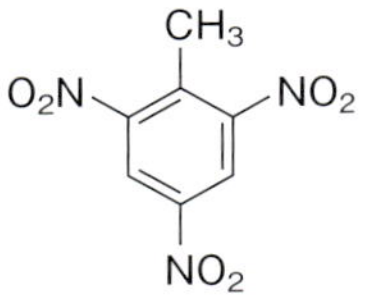

11.10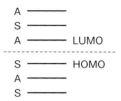

第12章 光化学反応

12.1 紫

12.2 励起に要するエネルギーが紫外線のエネルギーと一致するため。

12.3 結合性軌道 < 非結合性軌道 < 反結合性軌道

12.4 8個

12.5 小さくなる。

12.6 電子の入っている軌道のうち、最も高エネルギーの軌道。したがって、熱反応ではHOMO、光反応ではLUMOとなる。

12.7 光反応は励起状態で反応し、そのフロンティア軌道がLUMOだから。

12.8 低エネルギーのものから順に：S、A、S、A、S、A

```
A ———
S ———
A ——— LUMO
------------------------
S ——— HOMO
A ———
S ———
```

12.9 HOMOが対称性であり、結合する部分の軌道の位相が合っているので。

12.10 1,5-水素移動は5個の炭素からなる共役系の反応である。この系の分子軌道の対称性は下からS、A、S、A、Sとなっている。熱反応はHOMOで起こるので下から3番目の軌道となり、対称性はSである。したがって水素は分子面に沿って移動するのでスプラとなる。

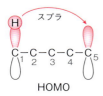

第13章 糖の構造と反応

13.1 不斉炭素が3つあるので $2^3 = 8$ 個

13.2 D体

13.3
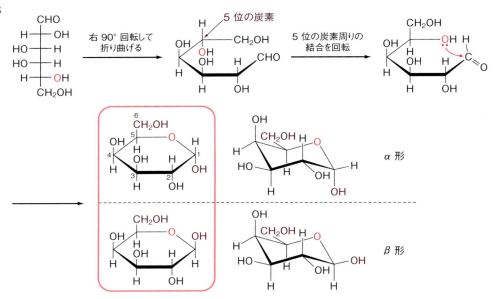

13.4 ヘミアセタール構造が残っているため。

13.5 スクロースを加水分解して得られるグルコースとフルクトースの等量混合物。

13.6 アミロースはらせん構造を持った直鎖状分子、アミロペクチンは枝分かれ構造を持った分子。

13.7 ヒドロキシ基の一部がアミノ基に置き換わったアミノ糖を構成成分とする多糖。

13.8

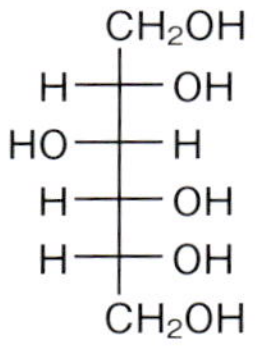

```
    CH2OH
 H ─┼─ OH
HO ─┼─ H
 H ─┼─ OH
 H ─┼─ OH
    CH2OH
```

13.9 以下のエチル-α-D-グルコピラノシドとエチル-β-D-グルコピラノシドを与える。

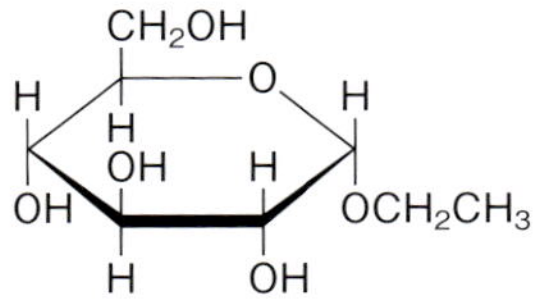

エチル-α-D-グルコピラノシド 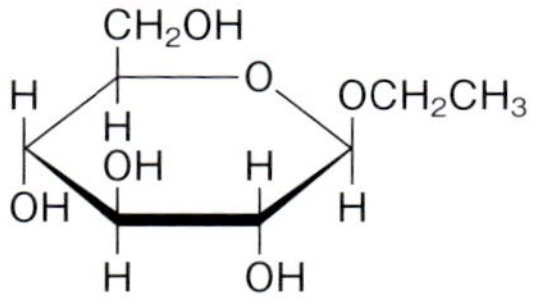   エチル-β-D-グルコピラノシド

13.10 微生物が嫌気的条件下でグルコースなどの有機物をエタノールと二酸化炭素などに分解すること。このとき、生命活動に必要なエネルギーを得る。

第14章　脂質の構造と反応

14.1　ステアリン酸は飽和脂肪酸であり、リノレン酸は不飽和脂肪酸である。リノレン酸の二重結合周りはシス体で折れ曲がった構造をしているため結晶になりにくく、ステアリン酸よりも融点が低い。

14.2　動物油脂は結晶性の高い飽和脂肪酸を多く含むため融点が高く常温で固体であるが、植物油は不飽和脂肪酸を多く含むため融点が低く液体となる。

14.3　$\frac{100}{882} \times n \times 254 = 115$ より $n = 3.99$　ゆえに4個

14.4　接触水素化により脂肪酸の不飽和結合がなくなることで融点が高くなり、固体となる。

14.5　以下の4つ。

```
CH₂-OH
CH-OH
CH₂-OH     グリセリン
```

$CH_3(CH_2)_7CH=CH(CH_2)_7COONa$　オレイン酸ナトリウム

$CH_3(CH_2)_4(CH=CHCH_2)_2(CH_2)_6COONa$　リノール酸ナトリウム

$CH_3CH_2(CH=CHCH_2)_3(CH_2)_6COONa$　リノレン酸ナトリウム

反応式は

$$\begin{array}{c} CH_2-OCOR^1 \\ CH-OCOR^2 \\ CH_2-OCOR^3 \end{array} \xrightarrow[H_2O]{NaOH} \begin{array}{c} CH_2-OH \\ CH-OH \\ CH_2-OH \end{array} + R^1-COONa + R^2-COONa + R^3-COONa$$

14.6　親水性部分と疎水性部分の両方をあわせ持つ物質。セッケンは、カルボン酸塩の部分が親水性であり、アルキル鎖の部分が疎水性である。

14.7　どちらも、両親媒性分子が水中で形成する球状の分子集合体であるが、ミセルは内部が疎水性であり、ベシクルは内部が親水性である。

14.8　リン脂質が形成する脂質二分子膜を基本構造とし、その表面や内部にタンパク質や糖鎖が存在する。

14.9　イソプレン骨格を構成単位とする化合物であり、そのうちイソプレン骨格2〜3個からなるものは、揮発性が高く特有の香気を持つ。また、分子量の大きいものは生理活性を示すものもある。

14.10　アンドロステロン、テストステロン

第15章　タンパク質の構造と反応

15.1　アスパラギン酸、グルタミン酸

15.2　グルタミン酸、セリン、リシン

15.3　Ala-Ile-Val, Ala-Val-Ile, Ile-Ala-Val, Ile-Val-Ala, Val-Ala-Ile, Val-Ile-Ala

15.4　アミノ酸がニンヒドリンと反応して、アミノ酸の側鎖部分を持ったアルデヒドと青紫色の色素（ルーエマンパープル）および二酸化炭素を発生する。

15.5　ポリペプチド鎖のアミノ酸配列。

15.6

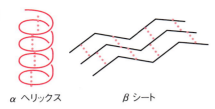

⋯ は水素結合

15.7 （例）

イオン結合：グルタミン酸やアスパラギン酸など、アニオン性の側鎖を持つアミノ酸と、リシンのようにカチオン性の側鎖を持つアミノ酸の間で働く。

疎水性相互作用：バリン、ロイシン、フェニルアラニンなど、アルキル鎖や芳香環を側鎖に持つアミノ酸の間で働く。

水素結合：セリンのようなヒドロキシ基など水素結合性の側鎖を持つアミノ酸、あるいはペプチド結合のN-HやC=Oとの間で働く。

15.8 卵白が加熱により白く固まるように、温度変化やpHなど外部環境の変化によりタンパク質の立体構造が壊れて元の機能が失われること。

15.9 酵素の基質結合部位に収まることができ、かつ酵素との間の相互作用が正しく働く基質分子のみを認識して酵素－基質複合体を形成し、それから反応が進むため。

15.10 Ala-Val-Phe, Met-Ser-His-Trp, Ile

索　引

ア

悪玉コレステロール　128
アシロイン縮合反応　77
アスパルテーム　119
アセタール　66, 118
アセチルセルロース　115
アゾ染料　99
アデノシン三リン酸　118
アニオン　19
アノマー　112
アミド　61
アミド化　41, 74
アミノ酸　73, 129, 130
　　──の1文字表記　131
　　──の3文字表記　131
アミノ糖　116
アミロース　114
アミロペクチン　114
アミン　60
アリル位　123
アルコール　54
アルデヒド　63
アルドース　112
α-アミノ酸　61, 129
α-ハロケトン　85
αヘリックス　134
アレニウスの式　14
アンタラ　109
アンタラフェーシャル　109
アンチ脱離　37
アンチ配置　37
アンチペリプラナー　37

イ

1,2-付加反応　49
1,4-付加反応　49
E1反応　35
E2反応　36
イオン結合　135
イオン的な切断　19
異性化糖　113
イソプレン　126
一次軌道相互作用　51
一次構造　134
一次反応　3

一分子求核置換反応　28
一分子脱離反応　35
一分子反応　2
一価アルコール　54
陰イオン　19

ウ

ウィッティヒ転位　84
ウィッティヒ反応　67
ウォルフ-キシュナー還元　67
ウルフ転位　87

エ

エイコサペンタエン酸　122
HDL　128
ATP　118
エーテル　57
エーテル化　41
S-S結合　135
S_N1反応　28
S_N2反応　30
エステル　40, 57
エステル化　40, 57, 74
エナミン　67
N末端　132
エノール形　24, 83
LDL　128
塩化ベンゼンジアゾニウム　98
塩基解離指数 pK_b　62
塩基解離定数 K_b　62
塩基性　60
塩素化　94
エントロピー　16

オ

オリゴ糖　114
オリゴペプチド　132
オルト・パラ配向性　22, 95
オレイン酸　121

カ

カーン-インゴルド-プレローグ（Cahn-Ingold-Prelog）則　124
可逆反応　6
加水分解　40
カチオン　19
活性化エネルギー　11
活性化エントロピー　16
カップリング反応　99
カニッツァロ反応　69
カルバニオン　19
カルベン　41
カルボカチオン　19
カルボン酸　72
環状アミド　41
環状エーテル　41, 59
環状エステル　41
乾性油　123
γ-アミノ酪酸　129

キ

基質結合部位　137
基質特異性　137
キシリトール　119
キチン　116
基底状態　103
キトサン　116
キモトリプシン　137
逆旋的回転　106
求核攻撃　23
求核試薬　4
求核反応　4, 65
求核付加反応　65
求電子攻撃　24
求電子試薬　4
求電子置換反応　92
求電子反応　4
吸熱反応　10
鏡像異性体　73
共鳴　24
共鳴構造　24
共鳴混成体　24
極大濃度　5
銀鏡反応　65, 117

金属触媒　45

ク

クライゼン縮合反応　77
クラウンエーテル　59
グリコーゲン　114
グリコシド　118
グリコシド結合　113
グリセロリン脂質　124
グリニャール試薬　70
グリニャール反応　69
グルコース　112
グルコサミン　116
グルタミン酸ナトリウム　131

ケ

結合異性　89
結合性軌道　101
結合性相互作用　105
結合切断　18
ケト・エノール互変異性　25, 83
ケトース　112
ケト形　24, 83
ケトン　63
ケラチン　133
けん化　122
限界構造式　24
嫌気的条件　118

コ

硬化油　123
好気的条件　118
酵素　133, 136
酵素反応　17
コープ転位　82
コール酸　127
互変異性　24
コラーゲン　133
コリン　124
コレステロール　126
コン　106
混成エーテル　58
コンドロイチン硫酸　116

サ

コンローテートリー　106

最高被占軌道　102
ザイツェフ則　38
最低空軌道　102
細胞膜　80, 124
サッカリン　119
サブユニット構造　136
酸塩化物　76
三価アルコール　54
酸解離指数 pK_a　62, 73
酸解離定数 K_a　62, 73
酸化・還元反応　51
残基　129
三次構造　135
ザンドマイヤー反応　99
酸無水物　76
酸無水物化　41

シ

C 末端　132
シクロデキストリン　114
脂質　120
脂質二分子膜　125
シス・トランスの異性化　82
シス付加反応　45
ジスルフィド結合　135
ジペプチド　41, 61
脂肪酸　120
触媒反応　13
植物油　122
ジラジカル　20
シン脱離　37
シン配置　37
シンペリプラナー　37

ス

水素移動反応　107
水素結合　135
スクロース　114
ステアリン酸　121
ステロイド　126
スフィンゴミエリン　125
スフィンゴリン脂質　125
スプラ　109
スプラフェーシャル　109
スマイルス転位　85

セ

スルホン化　93

生体膜　126
性ホルモン　127
セッケン　122
接触還元反応　45
セルロース　115
遷移　103
遷移状態　10
善玉コレステロール　128

ソ

双極イオン　20
相互作用　105
側鎖　129
速度定数　3
速度論支配　13
疎水性相互作用　135
素反応　5
ソルビトール　117

タ

第一級アルコール　54
第二級アルコール　54
第三級アルコール　54
代謝　118
対称エーテル　58
対称軌道　104
対称性　104
多価アルコール　54
脱水縮合剤　138
脱水縮合反応　40
脱水反応　40
脱離反応　35
多糖　114
単一エーテル　58
単純タンパク質　133
単糖　111
タンパク質　129

チ

置換基効果　28
置換反応　27
逐次反応　5
中間体　12
中性脂肪　120
超共役　96

超分子　59
超臨界水　34
超臨界二酸化炭素　34
超臨界溶媒　34

テ

ディールズ-アルダー反応　50
ディス　106
ディスローテートリー　106
デーキン転位　86
テルペノイド　126
テルペン　126
転位反応　82
転化糖　114
電子供与基　28
電子密度　20
デンプン　114

ト

同旋的回転　106
等電点　131
動物油脂　122
ドコサヘキサエン酸　122
トランス付加反応　46
トリグリセリド　120

ナ、ニ

内部エネルギー　9
二価アルコール　54
二次軌道相互作用　50
二次構造　134
二次反応　4
二糖　113
ニトロ化　93
ニトロセルロース　115
二分子反応　4
二分子膜　125
二量化反応　68
ニンヒドリン　131

ネ

熱反応　104
熱力学支配　13

ハ

ハーバー-ボッシュ法　8
配位結合　19
バイオディーゼル燃料（BDF）　123
配向性　21, 95
配糖体　118
発酵　118
発熱反応　10
ハメット係数　29
ハメット値　29
ハメットプロット　29
ハロニウムイオン　46
反結合性軌道　101
反結合性相互作用　105
半減期　3
反対称軌道　104
反応エネルギー　10
反応速度　3
反応熱　10

ヒ

ヒアルロン酸　116
pK_a　62
pK_b　62
光エネルギー　102
光吸収　103
光反応　104
非結合性軌道　102
非対称エーテル　58
必須アミノ酸　129
必須脂肪酸　122
ヒドリド還元　68
ヒドリド反応　68
ピナコール-ピナコロン転位　84
非プロトン性溶媒　34
ピラノース　113

フ

ファヴォルスキー転位　85
フィッシャー投影式　112, 129
フェーリング反応　65
フェノールの物性　55
フェノニウムイオン　47
不可逆反応　6
不均化反応　69

索　引

複合タンパク質　133
副腎皮質ホルモン　127
不斉合成　74
不飽和脂肪酸　121
フラノース　113
フリース転位　88
フリーデル-クラフツ反応　94
フルクトース　112
プロトン性溶媒　34
ブロモニウムイオン　46
フロンティア軌道　103
分子間脱離反応　39
分子軌道法　25
分子膜　79

ヘ

閉環反応　105
平衡状態　6
平衡定数　7
β-シート　134
ベシクル　125
ベックマン転位　88
ヘテロリティックな切断　19
ベネジクト試薬　117
ヘパリン　116
ペプチド　132
ペプチド化（反応）　41, 61
ペプチド結合　131
ヘミアセタール　66, 118
ヘモグロビン　133
ベンザイン　97
ベンジル酸転位　86
変性　136

ホ

芳香族置換反応　92
包接化合物　59
飽和脂肪酸　121
保護基　138
ホスファチジルコリン　124
ホスホグリセリド　124
ホフマン則　39
ホフマン転位　89
HOMO　102
ホモリティックな切断　18
ポリペプチド　61, 131, 132
ボルツマン分布　15
ホルモン　127

マ、ミ

マルコフニコフ則　49
マルトース　113
ミカエリス-メンテン型反応　137
ミセル　124

ム、メ

ムコ多糖　116
メタ配向性　23, 96

ユ、ヨ

油脂　120
陽イオン　19
ヨウ素価　124
溶媒効果　33
四次構造　136

ラ

ラクタム　41
ラクトン　41
ラジカル　18
ラジカル的な切断　18
ラジカル電子　18
ラセミ混合物　74
ラセミ体　74
ラセミ分割　74

リ

律速段階　5
リボース　111
リポソーム　125
リポタンパク質　128
流動モザイクモデル　126
両親媒性分子　78, 124
リン脂質　124

ル

ルイス塩基溶媒　34
ルイス酸溶媒　34
ルシャトリエの法則　7
LUMO　102

レ

励起状態　103
レシチン　124

ワ

ワグナー-メーヤワイン転位　83
ワックス　122
ワルデン反転　32
ワンポットリアクション　71

著者略歴

齋藤 勝裕(さいとう かつひろ)
1945年 新潟県生まれ
1969年 東北大学理学部卒業
1974年 東北大学大学院理学研究科博士課程修了
名古屋工業大学工学部講師,同大学大学院工学研究科教授等を経て
現在 名古屋工業大学名誉教授 理学博士
専門分野:有機化学,物理化学,超分子化学

籔内 一博(やぶうち かずひろ)
1976年 埼玉県生まれ
1999年 東京大学工学部卒業
2004年 東京大学大学院工学系研究科博士課程修了
山口東京理科大学基礎工学部助手,中部大学工学部講師等を経て
現在 中部大学工学部准教授 博士(工学)
専門分野:有機材料化学,超分子化学

生命系のための 有機化学Ⅱ ―有機反応の基礎―

2015年5月25日　第1版1刷発行
2021年3月15日　第2版1刷発行
2023年9月5日　第2版2刷発行

検印省略
定価はカバーに表示してあります.

著作者　齋藤　勝裕
　　　　籔内　一博
発行者　吉野　和浩
　　　　東京都千代田区四番町8-1
　　　　電話　　　03-3262-9166(代)
　　　　郵便番号　102-0081
発行所　株式会社　裳　華　房
印刷所　三報社印刷株式会社
製本所　牧製本印刷株式会社

一般社団法人
自然科学書協会会員

JCOPY〈出版者著作権管理機構 委託出版物〉
本書の無断複製は著作権法上での例外を除き禁じられています.複製される場合は,そのつど事前に,出版者著作権管理機構(電話03-5244-5088,FAX 03-5244-5089, e-mail: info@jcopy.or.jp)の許諾を得てください.

ISBN 978-4-7853-3504-5

Ⓒ 齋藤勝裕・籔内一博, 2015　　Printed in Japan

有機化学スタンダード　各B5判, 全5巻

裾野の広い有機化学の内容をテーマ（分野）別に学習することは、有機化学を学ぶ一つの有効な方法であり、専門基礎の教育にあっても、このようなアプローチは可能と思われる。本シリーズは、有機化学の専門基礎に相当する必須のテーマ（分野）を選び、それぞれについて、いわばスタンダードとすべき内容を盛って、学生の学びやすさと教科書としての使いやすさを最重点に考えて企画した。

基礎有機化学
小林啓二 著　184頁／定価 2860円（税込）

立体化学
木原伸浩 著　154頁／定価 2640円（税込）

有機反応・合成
小林 進 著　192頁／定価 3080円（税込）

生物有機化学
北原 武・石神 健・矢島 新 共著　192頁／定価 3080円（税込）

有機スペクトル解析入門
小林啓二・木原伸浩 共著　240頁／定価 3740円（税込）

化学の指針シリーズ　触媒化学

岩澤康裕・小林 修・冨重圭一・関根 泰・上野雅晴・唯 美津木 共著
A5判／256頁／定価 2860円（税込）

　地球環境問題，エネルギー問題など，人類が直面する数々の課題を克服し持続可能な社会を構築するためには，触媒化学のさらなる進展が必要不可欠である．基礎化学から工業化学まで，多様な分野でその最前線をリードする著者らが，不均一系触媒と均一系触媒の基礎と応用の多岐にわたる内容を適切に解説し，現在の到達点と将来の展望を活写した．
　大学学部生の教科書としてだけでなく，大学院生や関連他分野の研究者の参考書としても好個の一冊である．
【主要目次】1. 触媒化学の基礎　2. 固体触媒の化学　3. 均一系触媒の化学　4. 種々の触媒プロセス　5. 環境・エネルギー触媒

少しはやる気がある人のための
自学自修用　有機化学問題集

粟野一志・瀬川 透 共編　B5判／248頁／定価 3300円（税込）

　全国の大学3年編入学試験問題を中心とした多数の問題を，一般的な有機化学の教科書の章立てにあわせて編集した．ごく基本的なものから応用力を試されるものまで多彩な問題が集められ，また各問題にはヒントおよび丁寧な解説がついている．大学1, 2年生および高専生の自学自修用に最適な問題集である．

最新の有機化学演習
― 有機化学の復習と大学院合格に向けて ―

東郷秀雄 著　A5判／274頁／定価 3300円（税込）

　有機化学の基本から応用まで幅広く学習できるように演習問題を系統的に網羅し，有機化学全般から出題した総合演習書．特に反応機構や，重要な有機人名反応，および合成論を幅広く取り上げているので，有機合成の現場でも参考になる．最近の論文からも多くの反応例を引用しており，大学院入試の受験勉強にも最適な演習書である．
【主要目次】1. 基本有機化学　2. 基本有機反応化学　3. 重要な有機人名反応：反応生成物と反応機構　4. 有機合成反応と反応機構　5. 天然物合成反応 ―最近報告された学術論文から―

裳華房ホームページ　https://www.shokabo.co.jp/

化学でよく使われる基本物理定数

量	記号	数値
真空中の光速度	c	2.99792458×10^8 m s^{-1}（定義）
電気素量	e	$1.602176565 \times 10^{-19}$ C
プランク定数	h	$6.62606957 \times 10^{-34}$ J s
	$\hbar = h/(2\pi)$	$1.054571726 \times 10^{-34}$ J s
原子質量定数	$m_\mathrm{u} = 1$ u	$1.660538921 \times 10^{-27}$ kg
アボガドロ定数	N_A	$6.02214129 \times 10^{23}$ mol^{-1}
電子の静止質量	m_e	$9.10938291 \times 10^{-31}$ kg
陽子の静止質量	m_p	$1.672621777 \times 10^{-27}$ kg
中性子の静止質量	m_n	$1.674927351 \times 10^{-27}$ kg
ボーア半径	$a_0 = \varepsilon_0 h^2/(\pi m_\mathrm{e} e^2)$	$5.2917721092 \times 10^{-11}$ m
ファラデー定数	$F = N_\mathrm{A} e$	9.64853365×10^4 C mol^{-1}
気体定数	R	8.3144621 J K^{-1} mol^{-1}
		$= 8.2057361 \times 10^{-2}$ dm^3 atm K^{-1} mol^{-1}
		$= 8.3144621 \times 10^{-2}$ dm^3 bar K^{-1} mol^{-1}
セルシウス温度目盛におけるゼロ点	T_0	273.15 K（定義）
標準大気圧	P_0, atm	1.01325×10^5 Pa（定義）
理想気体の標準モル体積	$V_\mathrm{m} = RT_0/P_0$	2.241968×10^{-2} m^3 mol^{-1}
ボルツマン定数	$k_\mathrm{B} = R/N_\mathrm{A}$	$1.3806488 \times 10^{-23}$ J K^{-1}

圧力の換算

単位	Pa	atm	Torr (mmHg)
1 Pa (= 1 N m^{-2})	1	9.86923×10^{-6}	7.50062×10^{-3}
1 atm	1.01325×10^5	1	760
1 Torr (mmHg)	1.33322×10^2	1.31579×10^{-3}	1

1 Pa = 1 N m^{-2} = 10^{-5} bar　　　1 atm = 1.01325 bar

エネルギーの換算

単位	J	cal	dm^3 atm
1 J	1	2.39006×10^{-1}	9.86923×10^{-3}
1 cal	4.184	1	4.12929×10^{-2}
1 dm^3 atm	1.01325×10^2	2.42173×10^1	1

単位	J	eV	kJ mol^{-1}	cm^{-1}
1 J	1	6.24151×10^{18}	6.02214×10^{20}	5.03412×10^{22}
1 eV	1.60218×10^{-19}	1	9.64853×10^1	8.06554×10^3
1 kJ mol^{-1}	1.66054×10^{-21}	1.03643×10^{-2}	1	8.35935×10^1
1 cm^{-1}	1.98645×10^{-23}	1.23984×10^{-4}	1.19627×10^{-2}	1